DK 621.71:65.015.1
658.512.2

FORSCHUNGSBERICHTE
DES LANDES NORDRHEIN-WESTFALEN

Herausgegeben durch das Kultusministerium

Nr. 854

Prof. Dr.-Ing. Joseph Mathieu
Dipl.-Ing. Franz Hildebrandt

Forschungsinstitut für Rationalisierung
Aachen

Beitrag zur Verbesserung der Arbeitswirksamkeit
in Konstruktionsbüros

Als Manuskript gedruckt

WESTDEUTSCHER VERLAG / KÖLN UND OPLADEN

1960

ISBN 978-3-663-03544-2   ISBN 978-3-663-04733-9 (eBook)
DOI 10.1007/978-3-663-04733-9

G l i e d e r u n g

1. Einleitung .... S. 5
   1.1 Anlaß und Zweck .... S. 5
   1.2 Abgrenzung .... S. 6
   1.3 Form .... S. 6
2. Die Eigenart der Tätigkeit .... S. 7
   2.1 Allgemeine Erscheinungen .... S. 7
   2.2 Die Tätigkeitsmerkmale .... S. 8
   2.3 Die Auswirkungen .... S. 9
3. Arbeitsplatzgestaltung .... S. 10
   3.1 Einrichtung .... S. 11
   3.2 Größenbestimmung .... S. 20
   3.3 Raumfaktoren .... S. 25
4. Arbeitsteilung .... S. 31
   4.1 Vertikale Arbeitsteilung .... S. 34
   4.2 Horizontale Arbeitsteilung .... S. 37
   4.3 Sachgebietsteilung .... S. 42
5. Arbeitszeitplanung .... S. 43
   5.1 Arbeitszeitermittlung .... S. 45
   5.2 Arbeitspläne .... S. 53
6. Zusammenfassung .... S. 58
7. Literaturverzeichnis .... S. 60

1. Einleitung

1.1 Anlaß und Zweck

Ein Wesenszug unserer Zeit ist das menschliche Leistungsstreben nach höherer Wirksamkeit der Handlungen zur Sicherung und Erweiterung der Existenzgrundlagen. Mit geringerem Aufwand sollen ständig bessere Mittel für die Gestaltung der Umwelt geschaffen werden. Die vom Intellekt in zweckgerichtetem Denken zu entwickelnden Maßnahmen in diesem Bemühen sind Gegenstand der Rationalisierung.

Die industrielle Entwicklung hat zu sozialen Verschiebungen und tiefgehenden Veränderungen im Bereich der menschlichen Tätigkeiten geführt. Ihr besonderes Merkmal ist das Zurückgehen der körperlichen Arbeitsanteile und die Zunahme der geistig-seelischen Belastungen im Berufsleben. Der sogenannte Geistesarbeiter sieht sich ständig höheren Anforderungen gegenübergestellt.

Die Forschungsaufgaben der Rationalisierung verlagern sich zwangsläufig in der gleichen Entwicklungsrichtung, wenn ihr Schwerpunkt immer auf den Schaffensvorgängen mit den größten Auswirkungen auf unser gesamtwirtschaftliches Geschehen liegen soll. Unter ihnen nimmt das geistig-schöpferische Gestalten im technischen Konstruieren einen besonderen Rang ein. Seine geistigen Vorleistungen für materiell herzustellende Erzeugnisse sind notwendige Voraussetzung für die industrielle Fertigung. Das Konstruieren gehört - insbesondere durch seine Mittlerfunktion zwischen technischer Grundlagenforschung und praktischer Nutzanwendung - zu den wichtigsten Wegbereitern des technischen Fortschritts. Die wirtschaftliche Wettbewerbsfähigkeit der Unternehmen und im großen auch der Nationen hängt wesentlich davon ab.

Diese große Bedeutung des Konstruierens einerseits und die im Gegensatz dazu stehenden Unzulänglichkeiten in der Arbeitsgestaltung und deren nicht nennenswerte Erforschung andererseits waren Anlaß zu vielseitigen Voruntersuchungen, die vom Forschungsinstitut für Rationalisierung im Rahmen seiner Orientierung über die größeren Aufgabengebiete in unserm Wirtschaftsleben vorgenommen wurden. Die Analyse der Wesenszusammenhänge des konstruktiven Schaffens und das Erarbeiten von Verbesserungsmaßnahmen konnten von einer breitangelegten Rationalisierungsforschung ihren Ausgang nehmen. Sie ergab die Perspektiven für die hier gewählte Behandlung des Themenkreises.

1.2 Abgrenzung

Seine Abgrenzung wurde dahingehend getroffen, nur Rationalisierungsmaßnahmen, die durch die Arbeitsgestaltung und Arbeitsorganisation von außen her an den Konstrukteur zur Verbesserung seiner Leistung und Situation herangetragen werden, in ihrem ursächlichen Verhältnis zu dem menschlichen Tätigkeitserlebnis an markanten Wesenszügen zu behandeln. So mögen methodologische Abhandlungen über die Entwicklung einer optimalmöglichen konstruktiven Denkstruktur einem späteren Bericht vorbehalten bleiben. Von den gesamtbetrieblichen Organisationsaufgaben sollen die Bereiche nicht erörtert werden, die mit der Konstruktionsarbeit des einzelnen nicht in unmittelbarem Zusammenhang stehen (Betriebsorganisationsplan, Normung, Typisierung).

Im Mittelpunkt dieser aus der Beobachtung und Auswertung der Grundlagenforschung gewonnenen Erkenntnisse und methodischen Ansätze steht der Konstrukteur in seiner Tätigkeit. Sie ist im wesentlichen ein vom Bewußtsein gelenkter Willens- und Handlungsvorgang, realisierbare körperliche Anordnungen vorstellungsmäßig zweckgerichtet zu gestalten und technisch-zeichnerisch darzustellen.

Für eine Konstruktionswissenschaft als eigenständiges Wissengebiet mögen die folgenden Darlegungen Beiträge zu ihrem arbeitswissenschaftlich-organisatorischen Gestaltungsbereich sein.

1.3 Form

Damit war für die Form der Abhandlung die Notwendigkeit gegeben, die auf den Betrachtungsebenen verschiedener Wissenschaften erarbeiteten Ergebnisse in einer dem Ingenieur und Techniker geläufigen Aussageweise darzulegen, auch wenn dabei unvermeidbar einige Begriffe bis an die Grenze ihrer Sinnvertretung getragen werden müssen. Die einzelnen Erkenntnisgrundlagen können sich dann natürlich nicht mehr in der begrifflichen Abbildung von Sachverhalten abzeichnen, da sie zu einer gemeinsamen Basis verschmolzen wurden.

Die Erfassung der Gegebenheiten in den technischen Büros war eine Voruntersuchung innerhalb einer weitgefaßten Orientierung über Aufgabengebiete der Rationalisierung; deshalb werden nur bestimmte Komplexe in vorwiegend verbaler Abhandlung in die Erschließung intellektgesteuerter Handlungsmaximen einbezogen, ohne dabei einen abschätzbaren Grad der

Vervollständigkeit zu erreichen. Von hier führen dann Forschungsaufgaben mit spezielleren Themen zu weiteren Erkenntnissen.

2. Die Eigenart der Tätigkeit

in der Arbeit des Konstrukteurs, wie sie sich heute von den genannten Betrachtungsebenen aus abzeichnet, soll kurz behandelt und den folgenden Hauptabschnitten vorausgeschickt werden; damit ist dann die Ausgangsposition für die in ihren Grundzügen aufzuweisenden Verbesserungsvorschläge gegeben.

2.1 Allgemeine Erscheinungen

der unzulänglichen Verhältnisse in der Konstruktionsarbeit, die nach außen hin erkennbar sind, zeigen sich besonders in dem Mangel an Konstrukteuren. Es dürfte beträchtlich größer sein als der von Zeit zu Zeit zahlenmäßig ausgewiesene, wenn man die Behelfslösungen mit in Rechnung stellt, die innerhalb der Betriebe getroffen werden.

Ein Vergleich zwischen technischen Büros mit ähnlichen Auftragsprogrammen zeigt, wie unterschiedlich die konstruktiven Arbeitsergebnisse sein können. Diese Feststellung in Verbindung mit der Bewertung verschiedener anderer Faktoren erlaubt den Schluß, daß in den meisten Industriebetrieben noch beträchtliche konstruktive Leistungsreserven mobilisiert werden können.

Die relativ hohen Fluktuationen sind weiterhin ein Anzeichen für das Unbehagen, das der Konstrukteur in seiner Situation empfindet. Die für solche Veränderungsentschlüsse angegebenen Ursachen haben geringen Aussagewert; sie nennen meistens nur einen Punkt aus einem ganzen Komplex von vielen Eindrucksgehalten bewußter oder unbewußter unangenehmer Wahrnehmungsvorgänge, auf den sich dann die aus der Gemütsverschiebung kommenden Strömungen konzentrieren.

Noch bedenklicher erscheint das Abwandern der Konstrukteure in andere Tätigkeitsbereiche. Hierfür dürfte vornehmlich die allgemeine Unterbewertung der Konstruktionsarbeit verantwortlich zu machen sein. Sie kommt vor allem in der unangemessenen Entlohnung und der Deklassierung der Menschen in ihrer Tätigkeit zum Ausdruck. Wenn man die häufig anzutreffenden Verhältnisse in den technischen Büros der Industriebetriebe, in denen Diplomingenieure, Ingenieure, Techniker, technische Zeichner,

Lehrlinge und Boten auf engster Fläche im gleichen Raum zusammenarbeiten, mit den üblichen Arbeitsbedingungen der Verwaltung, insbesondere der öffentlichen, vergleicht, so wird augenscheinlich, welches Maß an Beschränkung der persönlichen Sphäre dem einzelnen Konstrukteur auferlegt wird. Selbstverständlich erlaubt die Verschiedenartigkeit der Tätigkeiten nicht, für beide Seiten dieser Gegenüberstellung die gleichen Arbeitsbedingungen zu fordern.

2.2 Die Tätigkeitsmerkmale

sind in Anlehnung an die aufgezählten Allgemeinerscheinungen vom Wirken des Konstrukteurs, also vom Arbeitssubjekt abzuleiten, - abweichend von dem üblichen Vorgehen bei der Arbeitsstudie, von den Anforderungen des Arbeitsobjektes auszugehen.

Konstruieren ist im Gegensatz zu den meisten andern sogenannten geistigen Tätigkeiten ein geistig-schöpferischer Gestaltungsvorgang, bei dem ein außerordentlich vielfältiges Erdenken und Verbinden von Vorstellungen über materielle, realisierbare Dinge unter hoher psychischer Anspannung geschieht und den ein umfassendes spezielles technisches Denkgebäude hervorbringt.

Das natürliche menschliche Handlungsbegehren erlebt dabei keine nennenswerten körperlichen Ablaufreaktionen, sondern staut sich in relativ einseitigen, unter hoher geistiger Konzentration auf das Zeichenbrett projizierten Vorstellungsinhalten, deren Nichtwirklichkeit durch zusätzliche Anstrengungen zu Erlebnisgehalten komprimiert werden, da Gegenstände, Eigenschaften und Relationen als Denkinhalte nur affektgebunden vom Bewußtsein zweckgerichtet miteinander in Verbindung gesetzt werden können. Somit liegt ein besonderes Charakteristikum darin, daß dem Konstrukteur ein von seiner Initiative gelenktes ganzheitliches oder gar physisch-materielles Schaffenserlebnis fehlt; dafür bildet auch das mehr oder weniger mögliche Verfolgen der anschließenden technischen Ausführungen der Entwürfe nur eine sehr begrenzte Ergänzung.

Der Tätigkeit mangelt es ferner an einem natürlichen Wechsel zwischen Spannung und Entspannung; dagegen wird vom Konstrukteur im allgemeinen ein Dauertätigsein erwartet, eine Einstellung, deren Konsequenzen einen Arbeitsrhythmus als biologische Leistungsschwingung menschlichen Tuns unterdrücken [1] [1).

---

1. Literaturangaben in Abschnitt 7

Die mitmenschlichen Beziehungen sind in einem begrenzten, gleichartigen sozialen Gefüge verhaftet, in dem es keine wirksamen komplexen gemeinschaftsbildenden Erlebensprägungen gibt. Anreize aus der Behauptung in neuen menschlichen Situationen ergeben sich relativ selten.

Ferner kommen nur negative Bewertungen statt Anerkennung besonderer Leistungen zum Ausdruck: Fehler werden als Verantwortlichkeit des Konstrukteurs hervorgehoben, während Erfolgsbekundungen meistens von den der Geschäftsabwicklung näher stehenden Stellen aufgefangen werden.

Die Geistigkeit des Konstruierens und die psychische Konzentration sensibilisieren die Reizempfindlichkeit des Konstrukteurs. Dennoch ist er in seiner Arbeit vielen Störungen ausgesetzt. Sie treffen ihn besonders stark, da die sensorische Ansprechbarkeit bei Tätigkeiten mit nur geringer körperlicher Bewegung sehr leicht ist. Die Sinneseindrücke dieser Wahrnehmungsreize hemmen als bewußte oder unbewußte Erlebnisgehalte die gestalterischen Aktionen beim Konstruieren; andererseits erfordern sie als Folge der unfreiwilligen Arbeitsunterbrechung in objektiv-fixierter, hoher geistig-seelischer Konzentration ein erhebliches Mehr an psycho-nervöser Energie für das häufige Rekonstruieren der gedachten Zusammenhänge.

Auf die Gestaltung seiner Umgebung hat der Konstrukteur keinen nennenswerten Einfluß. Die Planung liegt zumeist in den Händen von Stellen, denen die Wesensart der Konstruktionstätigkeit nicht erlebnis- oder erkenntnismäßig erschlossen ist; folglich ist die übliche Gestaltung der Arbeitsplätze und auch der Arbeitsräume unangepaßt.

2.3 Die Auswirkungen

solcher Arbeitsmerkmale setzen sich in der Gemütssphäre als Spannungskomplexe starken Unbehagens ab. Von hier aus behindern Arbeitshemmungen den freien Fluß der Leistungen. In Verbindung mit den hohen geistig-seelischen Anforderungen entsteht so eine zentralnervöse Belastung, die die Zeitpunkte für den Eintritt der Ermüdung und auf die Dauer der Erschöpfung vorverlegt.

Die ständige angespannte Hinwendung auf die Konstruktionsprobleme verschiebt mitunter die Gemütsverfassung in einem Ausmaß, daß seelische Gleichgewichtsstörungen oder krankhafte Erscheinungen an Körperorganen die Folge sein können. In anderer Beziehung widersetzen sich lebenserhaltende vegetative Organfunktionen solchen Überforderungen und unterschieben der Leistungsbereitschaft eine Abwehreinstellung. Die entsprechend veränderte Verhaltensweise ist dann vielfach Objekt der Leistungsbeurteilung. Die Statistik über die Arbeitslosigkeit älterer Ingenieure kann in mancher Hinsicht darüber Aufschluß geben.

Die großen Denkanstrengungen führen zu stetiger Verfestigung der geistigen Ablaufstruktur, so daß es zu relativ einseitiger Bezogenheit der Bewußtseinslage kommt.

Die Einengung der Daseinsperspektive zugunsten der Konzentration auf technische Vorstellungsgehalte und der Mangel an dynamischer Erlebnisfülle schwächen das Persönlichkeitsprofil des Konstrukteurs. Dadurch bleibt er in Angelegenheit, die nicht unmittelbar zu seinem Arbeitsgegenstand gehören, der Bevormundung durch andere, oft unter seinem Bildungsniveau stehende Personen ausgesetzt.

Das Unbehagen aus der Berufsarbeit wirft seinen Schatten auch auf das private soziale Millieu.

3. Arbeitsplatzgestaltung

Als erste Stufe der Rationalisierung in Konstruktionsbüros können die Maßnahmen zur Arbeitsplatzgestaltung betrachtet werden. Sie sind auch für Tätigkeiten geistiger Art von besonderer Bedeutung. Mit zweckmäßigen und modernen Arbeitsplatzausrüstungen lassen sich heute viele Arbeitszeiteinsparungen erzielen. Dabei ist es möglich, die manuellen Tätigkeiten gegenüber den herkömmlichen Verfahren abzukürzen oder zu ersetzen. Die Arbeitsweise kann ferner angenehmer und bequemer gestaltet werden.

Die Arbeitsplatzgestaltung muß auch den organisatorischen Gegebenheiten Rechnung tragen. Die Betriebsverhältnisse, der allgemeine Konstruktionsauftrag, die Wesensart der Konstruktionstätigkeit und der sie verrichtenden Menschen sind in die Planung des Arbeitsablaufs einzubeziehen. Der Arbeitsplatz soll all die Voraussetzungen erfüllen, die der Konstrukteur für das höchstmögliche Entfalten seiner Fähigkeiten und das Einordnen seiner Leistungen in das gemeinschaftliche Schaffen benötigt.

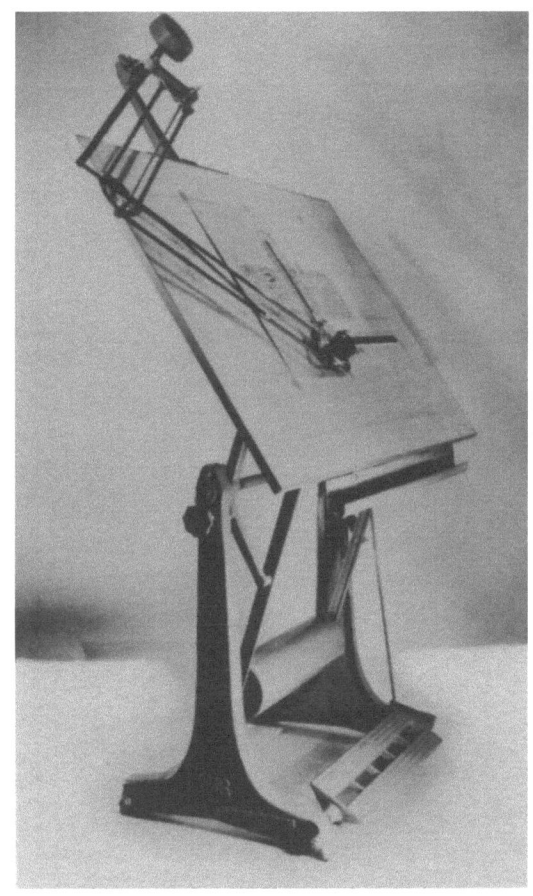

Abbildung 1

3.1 Einrichtung

Der Konstrukteur gebraucht für das zeichnerische Niederlegen seiner Gedanken im wesentlichen das gleiche Handwerkszeug wie der technische Zeichner. Der hohe Betriebswert der konstruktiven Leistung rechtfertigt einen entsprechenden finanziellen Aufwand für die Arbeitsmittel. Gegenüber anderen Betriebskosten werden diese Aufwendungen immer relativ klein sein, so daß es sich vom wirtschaftlichen Standpunkt aus vertreten läßt, das technische Büro mit den jeweils modernsten Geräten auszustatten [2].

Es sollen hier einige wichtige Gesichtspunkte erörtert werden, ohne auf eine detaillierte Beschreibung von Gegenständen einzugehen. (Über dieses Sachgebiet erscheint ein gesonderter Bericht.)

Unter den Geräten am Arbeitsplatz steht die Zeichenanlage an erster Stelle einer Betrachtung. Heute haben sich in den technischen Büros die verstellbaren Zeichentische mit Zeichenmaschinen allgemein einge-

Abbildung 2

führt (Abb. 1). Nur auf einigen Sondergebieten wird noch an horizontalen Tischen mit einfachen Zeichengeräten gearbeitet. Solche Tätigkeiten sind aber sehr gesundheitsschädlich; als Folge der vornübergeneigten Körperhaltung treten verschiedene typische Berufskrankheiten auf, insbesondere am Rückgrat, an den Verdauungsorganen und den Augen [3]. An neuzeitlichen Zeichenanlagen kann dagegen im Sitzen und Stehen in aufrechter Haltung gearbeitet werden.

In der konstruktiven Entwicklung der Tischgestelle wird immer mehr die geschlossene Form angestrebt (Abb. 2), die schließlich zur einteiligen Bauart der Säulentischanlagen geführt hat (Abb. 3). Sie erhöhen die Raumordnung in technischen Büros, erleichtern und verbessern die Reinhaltung der Räume und gefallen durch ihre ästhetische Gestaltung. Das Streben nach technischer Perfektion ließ neben den rein-mechanischen auch elektrische und hydraulische Mechanismen zum Verstellen und Arretieren der Tischlage zur Anwendung kommen. Sie verändern einige Bedingungen, zum Beispiel hinsichtlich der Installation der Räume, der andersartigen Bewegungsvorgänge der Tische, der Kosten und der Wartung, so daß sorgfältig zu prüfen ist, ob es sich lohnt, von dem einfachen mechanischen Wirkungsprinzip abzugehen, zumal es arbeitsphysiologische Gesichtspunkte für das Konstruieren nicht erfordern.

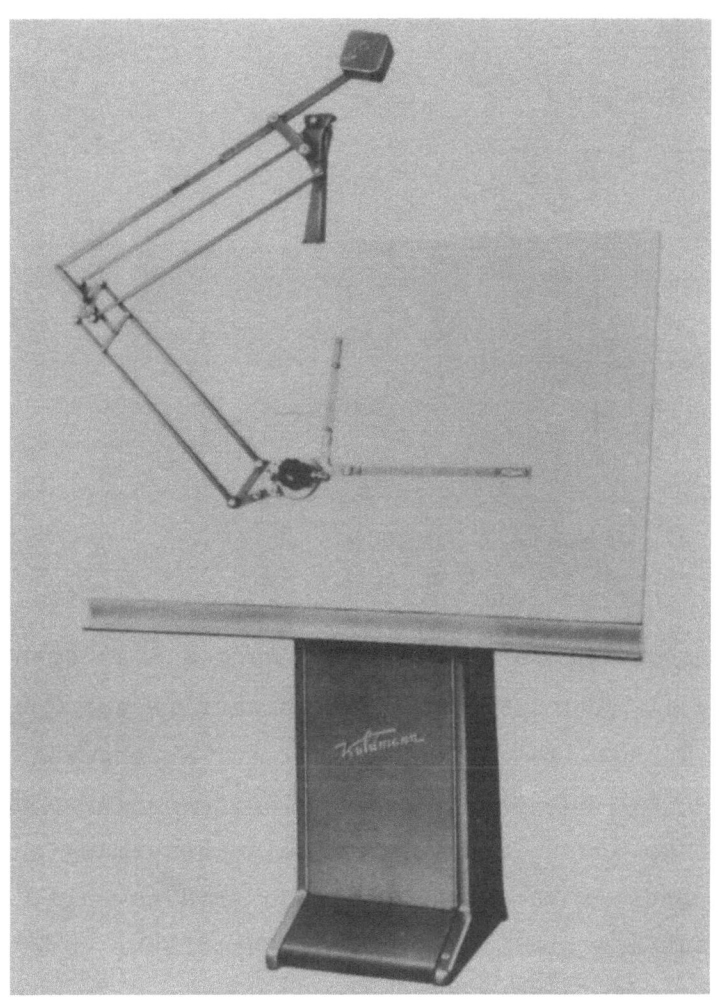

Abbildung 3

Zeichenanlagen mit Parallelführung, die für verschiedene Aufgabengebiete bislang als zweckmäßigste Zeicheneinrichtung galten, werden immer mehr durch moderne Laufwagenzeichenanlagen ersetzt (Abb. 4). Ihre Vorzüge liegen einmal darin, daß sie bei gleichem Genauigkeitsgrad nicht nur in horizontaler, sondern auch in vertikaler Richtung längere Strichführungen auf dem Brett ermöglichen. Sie bieten außerdem die Vorteile der bequemen Handhabung der Zeichenlineale mittels Zeichenkopf, wie er bei den Parallelogrammzeichenmaschinen üblich ist.

Für viele Zeichenarbeiten ist es von großem Wert, wenn der Zeichenkopf mit einer Basis- oder Nullpunkt-Verstellung versehen ist (Abb. 5). Sie erspart dem Konstrukteur das Umrechnen der Winkel auf andere orthogonale Systeme, eine oft recht lästige, wenn auch einfache Denktätigkeit, die zusätzliche Fehlermöglichkeiten birgt.

Abbildung 4

Die Wahl der Zeichenbrettgröße sollte nicht nach den größten Dimensionen der Zeichenformate, die überhaupt im Betrieb oder in der Konstruktionsabteilung anfallen können, getroffen werden. Für außergewöhnliche Formatmaße werden am besten nur einige größere Zeichenanlagen aufgestellt, die auf Sonderarbeitsplätzen für die allgemeine Benutzung zur Verfügung stehen. Die andern Bretter werden dann nur so groß gewählt, daß sie die im normalen Arbeitsanfall einer Konstruktionsabteilung vorkommenden größten Zeichenformate aufnehmen können.

Ein Vorteil kleinerer Bretter ist die leichtere und bequemere Handhabung der Tischbewegungen. Ferner gestatten sie eine bessere Übersicht im Arbeitsraum. Der persönliche Kontakt von Arbeitsplatz zu Arbeitsplatz wird erleichtert und damit die materiale Umgebungsgestaltung im Sinne einer Förderung des Gemeinschaftsschaffens verbessert.

Von besonderer Bedeutung ist der Zusammenhang zwischen der Brettgröße und der psychischen Anstrengung. Je größer die betrachtete ebene Fläche ist, desto stärker und eher setzt Ermüdung ein; denn dieser ursprüngliche unnatürliche, flächenhafte visuelle Sinnesreiz bedarf eines beträchtlichen psychischen Energieaufwandes zu seiner Transformation in Vorstellungsgehalte räumlicher Tiefe [4].

Für den Konstrukteur kann es oft vorteilhaft sein, eine zweite Zeichenanlage zur Verfügung zu haben. Für diesen Zweck sind besonders die Geräte geeignet, die leicht an vorhandenen Büromöbeln angebracht werden können (Abb. 6). Sie werden auch dem nur auf Schreibtischtätigkeit eingestellten Techniker bei seinen Berechnungen und Skizzen eine wertvolle Ergänzung sein.

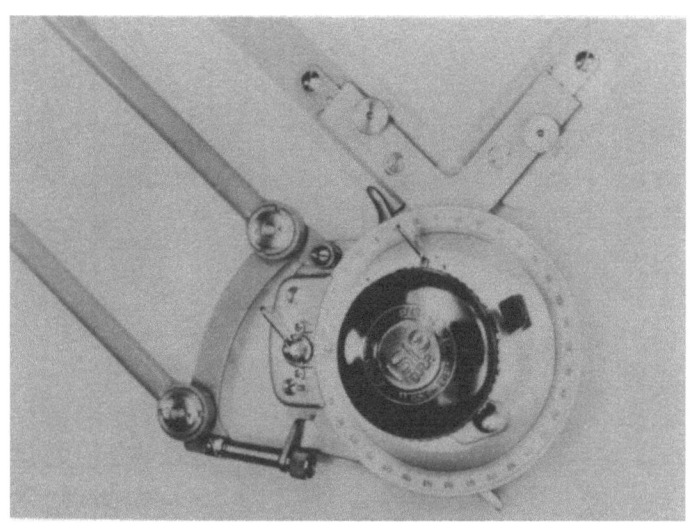

Abbildung 5

Zu den Zeichenanlagen gehören zweckmäßige und nach physiologischen Erkenntnissen gestaltete Zeichensitze. In den meisten Fällen werden heute noch veraltete Holzstühle verwendet. Sie gestatten nur eine geringe Anpassung der Körperhaltung an die verschiedenen Anforderungen beim Konstruieren und Zeichnen und sind insbesondere für den Wechsel zwischen Tätigsein an Brett und Schreibtisch wenig geeignet.

Zeichensitze sollen möglichst viele Bewegungsfreiheitsgrade aufweisen. Vorteilhaft ist es, wenn die Sitzfläche um die vertikale Achse gedreht, höhenverstellt und nach vorn geneigt werden kann, damit die Skelettmuskulatur gehalten wird, in jeder Stellung eine gesunde Spannung einzunehmen. Eine verstellbare Sitzlehne zur gelegentlichen Stützung des Rückgrates sollte vorhanden sein; ihre arbeitsphysiologisch richtige Gestaltung ist ebenfalls von Wichtigkeit [5].

Die Konstruktionstätigkeit an der Zeichenanlage kann in einem Wechsel zwischen Sitzen und Stehen ablaufen, mithin in einer physiologisch besonders günstigen Arbeitsweise. Aber der mit vielen Berechnungen und Überlegungen beschäftigte Konstrukteur wird mehr geneigt sein, möglichst

viel in der bequemeren Sitzhaltung abzuwickeln. Die besondere Beachtung
sollte deshalb die Sitzgelegenheit finden, um die durch ihre Mängel ver-
ursachten typischen Krankheitssymptome zu verringern. Die unbefriedigen-
den Verhältnisse in dieser Beziehung haben hauptsächlich in der Unkennt-
nis der pathologischen Auswirkung und der Unterschätzung der Wichtigkeit
arbeitsphysiologisch richtig gestalteter Sitzmöbel seitens der zuständi-
gen Betriebsstellen ihre Ursache, obschon von den entsprechenden Her-
stellerfirmen sehr zweckvolle Erzeugnisse angeboten werden.

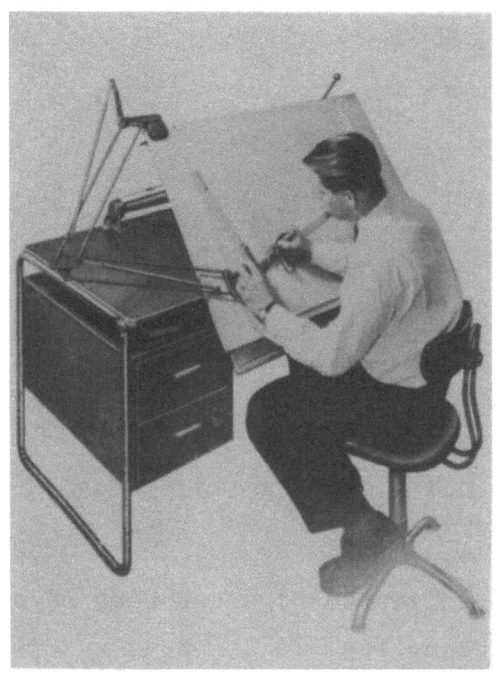

Abbildung 6

Schreibtische in Konstruktionsbüros sind meistens von der gleichen Art
wie die in anderen Betriebsabteilungen. Oft werden die alten Exemplare
der kaufmännischen Abteilung den Konstrukteuren und Zeichnern überlassen.
Die unangepaßte Auslegung erlaubt bei Konstruktionsarbeiten nur eine
mangelhafte Ausnutzung der Fächer und setzt den Ordnungswert herab.

Die Gestaltungsgesichtspunkte für die Arbeitstische sind von den Erfor-
dernissen der Arbeitstechnik abzuleiten. Grundsätzlich sollen alle
Fächer auszziehbar sein, so daß der Inhalt dem Benutzer entgegenkommt.
Es ist günstig, wenn die Ordnungselemente einige Variationsmöglichkeiten
enthalten und der Konstrukteur sie auswechseln kann, um den ganzen Satz
seiner speziellen, persönlichen Arbeitsweise anzupassen. Die Austausch-

barkeit der Fächer kann in Form standardisierter Baueinheiten gewährleistet werden, für die verstellbare Halterungen vorzusehen sind. Für die Ordnungsmittel in den Fächern gelten die gleichen Aspekte hinsichtlich der Anpassung an verschiedene Aufgaben.

A b b i l d u n g   7

Dem bekannten Mangel an Tischfläche am Arbeitsplatz kann mit Ablegemöglichkeiten unterhalb der Schreibtischplatte und ausziehbaren Ablegebrettern begegnet werden (Abb. 7). Das unmittelbare Handwerkszeug des Konstrukteurs, wie Reißzeug, Zeichenstifte, Radierwerkzeug und anderes mehr, sollte in einem vorgearbeiteten Fach Aufnahme finden. Gelegentlich ist es von Vorteil, wenn dessen besondere Form erst im Betrieb nach der Beurteilung der aufzunehmenden Teile oder den speziellen Wünschen des Konstrukteurs ausgestaltet wird.

Der Konstrukteur soll an seinem Arbeitsplatz genügend Vorrichtungen haben, um seine Konstruktionsunterlagen zur bequemen Einsichtnahme ablegen, aufstellen oder aufhängen zu können. Dafür gibt es verschiedene Arten von Aufhängevorrichtungen, die sich an den Einrichtungsgegenständen der Umgebung anbringen lassen.

Es ist zu empfehlen, besondere Ablegetische vorzusehen. Mitunter können auch niedrige Schränke, in denen die Konstruktionsunterlagen aufbewahrt werden, gleichzeitig diesem Zwecke dienen.

Die Zuweisung dieser Gegenstände sollte nicht allein von dem Sparsamkeitsprinzip als oberstem Gesichtspunkt geleitet werden. Es kommt vielmehr darauf an, das richtige Maß zu finden, um dem Konstrukteur neben den rein arbeitsorganisatorischen und arbeitstechnischen Bedürfnissen einen angemessenen Spielraum in der Gestaltung seiner Arbeitsumgebung zuzugestehen. Beide Extremlagen - äußerste Beschränkung der Einrichtung und völlige Freiheit beim Ausbau einer "Arbeitsplatzbarrikade" - bedeuten unangepaßte Verhältnisse. Die Situation des Betriebes und die Art seiner Menschen bilden in jedem speziellen Fall und Zeitpunkt die Beurteilungsbasis.

Anzahl und Art der kleinen Zeichengeräte richten sich nach den Arbeitsvorgängen. Einfache Zeichenartikel werden dabei für das Konstruieren und das technische Zeichnen in gleicher Form auszugeben sein. Die Ausrüstung der Arbeitsplätze mit Tabellen und Rechengeräten hängt von der Art der Arbeit und der Höhe der an sie gestellten geistigen Anforderungen ab.

Es gilt ferner, zu beachten, daß für die Geräteauswahl des einzelnen die Gewöhnung an bestimmte Gegenstände ein wesentlicherer Faktor ist als das Bemühen um objektive Beurteilung der arbeitstechnischen Zweckentsprechung. In Beschaffungsfragen wird diesem Umstand in bestimmten Grenzen Rechnung zu tragen sein; denn bei der hohen geistigen Konzentration in der Arbeit des Konstrukteurs wirken alle Verrichtungen störend, die als bewußte Willenshandlungen vorzunehmen sind. In Abhängigkeit vom Typus und Lebensalter hat der Mensch eine sehr unterschiedliche Befähigung, die Steuerung der Bewegungskoordination für bestimmte körperliche Handlungen in das Unbewußte abzusenken. Es ist deshalb in jedem Fall sorgfältig abzuwägen, welcher Aufwand an Übung beim Einführen neuer Arbeitsmittel zugemutet werden kann.

Ferner muß die organisatorische Stellung des betrieblichen Bürobedarfseinkaufs - meistens allgemeine Einkaufsabteilung genannt - die Gewähr dafür bieten, daß die zweckmäßigsten Arbeitsgeräte an jeden Arbeitsplatz kommen. Dazu müssen die Einkäufer mit der Materie des Konstruierens vertraut sein und das konstruktive Arbeitsprogramm des Betriebes kennen. Kaufmännische Gesichtspunkte allein können den Verhältnissen nicht gerecht werden. Den Personen der Einkaufsabteilung muß auch genügend Gelegenheit gegeben werden, sich über den Stand und die Entwicklung von Erzeugnissen auf dem laufenden zu halten. Es dürfte vorteilhaft sein, wenn der Betrieb bei den Konstrukteuren um die Mitarbeit an der Schaffung neuer Arbeitshilfen wirbt.

Viele Aufgaben der Zeichengeräte - wie Messen, Winkelantragen, Schraffieren und Strichführung an geraden und mitunter auch ungeraden Leitkanten für Bleistift und Tuschefedern - hat heute die Zeichenmaschine übernommen, indem ihre Funktionen vermehrt oder größere Auswechselbarkeit der Teile vorgesehen wurden. Dennoch sollte der Betrieb bemüht sein, für häufig vorkommende Darstellungen besondere Hilfsmittel einzusetzen. Hierzu gehören vor allem Schablonen, die von den Herstellern als Serienerzeugnisse oder Sonderanfertigungen für alle Bedarfsfälle geliefert werden können.

Rechen- und Tabelliergeräte können in bezug auf ihre Verwendung in technischen Büros zu einer Gruppe zusammengefaßt werden. Für häufig vorkommende Rechenoperationen wird es sich empfehlen, Spezialrechenschieber anfertigen zu lassen. Nomogramme sind in Form mechanischer Hilfsmittel besser zu handhaben.

Rechenmaschinen werden im allgemeinen in Konstruktionsbüros nicht in dem Umfang angewendet, in dem entsprechende Aufgaben vorhanden sind. Dies kann sowohl bezüglich einfacherer als auch umfangsreicherer Rechenoperationen festgestellt werden. So müssen einerseits noch viele einfache Rechenarbeiten ohne Hilfsmittel ausgeführt werden; andererseits fehlen in den meisten Konstruktionsbüros leistungsfähige Rechenanlagen. Hier bietet sich ein weites Anwendungsfeld für die mittleren und kleineren elektronischen und elektromechanischen Aggregate neben den Hochleistungsrechnern in einzelnen Großbetrieben.

Dabei ist nicht zu verkennen, daß moderne Rechenanlagen, abgesehen von dem unmittelbaren Zweckeinsatz, viele psychologische Begleiterscheinungen bedingen. Das Konstruktionsbüro orientiert sich zwangsläufig stärker in mathematischer Richtung. In dieser Tendenz wird dann nicht unwesentlich das allgemeine mathematisch-naturwissenschaftliche Bildungsniveau gehoben.

Tabellenschieber haben gegenüber den einfachen, gedruckten oder geschriebenen Tabellen den Vorteil schnellerer Griff- und Ablesebereitschaft. Sie zeichnen sich wie die für mechanische Analogieabbildungen mathematischer Zusammenhänge gebauten Rechenschieber durch die Vorteile größerer Anschaulichkeit der Darstellungsinhalte aus. Bei ihrem Gebrauch werden taktile und kinästhetische Sinneseindrücke mit dem Wahrnehmungsvorgang verbunden, die naturgemäß durch die komplexere Erlebnisform stärkere Bewußtseinseindrücke prägen, als es der Gesichtssinn beim Entnehmen der Werte aus Tabellen oder Nomogrammen allein vermag. Hinzu kommt der Vorteil klarerer Abbildung.

<u>Zeichenmittel</u> sind die Gebrauchs- und Verbrauchsgegenstände beim technischen Zeichnen, wie Zeichen- und Schreibstifte, Tuscheschreiber, Spitzer, Radiermittel und andere kleine Hilfsmittel. Hier kommen ständig neue Erzeugnisse auf den Markt. Sie müssen an den einzelnen Arbeitsplatz herangetragen werden. So gilt es zum Beispiel, durch Arbeitsstudien zu untersuchen, inwieweit der Einsatz elektrischer Radiermaschinen lohnenswert ist, denn Radieren nimmt meistens einen beträchtlichen Arbeitsanteil ein. Qualitative Arbeitsverbesserungen durch die Maschine dürfen dabei nicht übersehen werden.

Als <u>allgemeiner Bürobedarf</u> sollen die Gegenstände bezeichnet werden, deren Verwendungszweck nicht unmittelbar auf das Konstruieren oder technische Zeichnen beschränkt ist. Hierzu gehören die Schreib- und Ordnungsmittel, wie sie in allen Büros üblich sind. Betriebseinheitliche Register für das Ablegen und Abheften können für verschiedene Bereiche vorteilhaft sein.

3.2 Größenbestimmung

Die <u>Größe der Arbeitsplätze</u> in technischen Büros kann nicht nach den gleichen Gesichtspunkten wie in der Fertigungswerkstatt bemessen werden. So unterschiedlich wie die Tätigkeiten in den beiden Betriebsbereichen sind - fest vorgegebenes mechanisches Einwirken auf materielle Gegenstände und selbständiges, vorstellungsmäßiges Gestalten zu verwirklichender körperlicher Gebilde unter Zuhilfenahme symbolischer Darstellungen -, so andersartig sind auch die an die Arbeitsumgebung zu richtenden Anforderungen. In der Fertigung stehen an erster Stelle die arbeitstechnischen Erfordernisse, aus denen sich die Abmessungen für die Arbeitsplätze ergeben, während in den Konstruktionsbüros alle der Wahrnehmung zugänglichen Komponenten auf den geistig-konstruktiven Gestaltungsvorgang stärkeren unmittelbaren Einfluß nehmen. Deshalb ist auch bei der Arbeitsplatzgestaltung in diesem Betriebsbereich von einer komplexeren Erfassung aller definierbaren Einflußgrößen auszugehen.

Die Betriebsführung gründet ihre Handlungsentscheide immer mehr auf zahlenmäßig erfaßbare Sachverhalte. Die Ursachen dafür liegen zu einem Teil in dem großen Umfang der von ihr wahrzunehmenden Funktionen. Die

Vielgliedrigkeit der Betriebe, bedingt durch Größe und Verfeinerung der Produktionsmethoden, schränkt die gemeinsamen Verständigungsgrundlagen ein. Die Fülle von Eindrücken des persönlichen und beruflichen Lebens vermehrt ferner die Kombinationsmöglichkeiten in der Urteilsfindung und vermindert die Zuverlässigkeit verbaler Darstellungen auf dem Wege vom Sachverhalt über die Wahrnehmung zur Aussage. Der Mensch ist einer so vielgestaltigen Lebensweise ausgesetzt, daß Treffsicherheit und Wirklichkeitsentsprechung der vom Gefühl und der Intuition gelenkten Zweckhandlungen abnehmen.

Die Folge ist ein ständig größerer Hang, Lebensprozesse quantitativ zu bewerten. Leicht werden dabei Unvollständigkeit und Einseitigkeit übersehen; die Konsequenzen sind dann oft falsch, und zwar mit um so größerer Wahrscheinlichkeit, je unmittelbarer sich der Lebensvorgang als Phänomen geistig-seelischen Schaffens widerspiegelt.

So kann auch die Größe eines Arbeitsplatzes im Konstruktionsbüro nicht allein nach den üblichen Gesichtspunkten der Kostenkalkulation festgelegt werden, denn den Aufwendungen wird ein hypothetischer Wert, meistens ein Prozentanteil realisierter Auftragserlöse, gegenübergestellt, der zu dem wirklichen Arbeitswert wenig Beziehung hat.

Aus ähnlichen Wirtschaftlichkeitsbetrachtungen kam es zur Entwicklung sogenannter raumsparender Zeichenanlagen, um die personellen Raumbelegungsquoten in technischen Büros zu erhöhen. Der Konstrukteur soll durch Einschränken der Bewegungsmöglichkeiten für seinen Zeichentisch mit einer kleineren Arbeitsplatzfläche auskommen.

Werden aber alle Faktoren, die heute von der Arbeitswissenschaft her analysierbar sind, in Ansatz gebracht, so wird offensichtlich, daß der Leistungswert durch die Auswirkungen der unbequemen Arbeitsverhältnisse bei verengtem Bewegungsraum stärker zurückgeht als sich auf der anderen Seite an Raum- und Einrichtungskosten einsparen läßt.

Die Bestimmung der <u>Mindestgröße</u> eines Arbeitsplatzes soll hier nach verschiedenen Aspekten behandelt werden. Der Berechnung sind dabei die von der klimatechnischen Seite zu stellenden Forderungen am leichtesten zugänglich [6, 7].

Die Frischluft enthält 0,04 % CO_2; die vom Menschen ausgeatmete Luft hat einen CO_2-Gehalt von 4 %. Für Büroräume kann eine CO_2-Komponente bis 0,14 % als zulässig gelten.

Bei einem Atemvolumen von durchschnittlich 500 l/h benötigt ein Mensch damit eine stündliche Frischluftmenge von

$$V_h = \frac{4}{0,14 - 0,04} \cdot 0,5 = 20 \text{ m}^3/\text{h}$$

Anzustreben sind aber 30 m^3/h und in Räumen mit Raucherlaubnis, zu denen die Konstruktionsbüros gehören, sogar 40 m^3/h. Bei natürlichem Luftwechsel mit Hilfe gut verstellbarer Fensteröffnungen kann mit ein- bis zweimaligem Luftwechsel in der Stunde gerechnet werden. Damit ergibt sich die Forderung nach einem Raumbedarf von 20 m^3 für einen Arbeitsplatz. In Räumen mit Deckenhöhen von etwa 3 m entspricht dem eine Bürofläche von etwa 7 m^2. Die hohe Sensibilität des geistig-konstruktiv tätigen Menschen läßt es geraten erscheinen, diese Größe als Mindestforderung zu betrachten. Gerade die unangenehmen Komponenten der verbrauchten Luft, die sogenannten Riech- und Ekelstoffe, wirken sehr auf das Behaglichkeitsempfinden ein.

Auch ist es nicht günstig, wenn beim Einsatz von Klimaanlagen diese Werte unterschritten werden, denn Anlaß zu ihrer Installation sollte in Büroräumen nicht der Frischluftmangel als Folge einer zu großen Personendichte sein.

Aus den Erkenntnissen über den Wahrnehmungsvorgang beim Betrachten ebener Flächen wie der des Zeichenbrettes ergeben sich weitere Forderungen nach einem bestimmten Bewegungsraum vor der Zeichenanlage. Derartige visuelle Reize sind ursprünglich unnatürlich. Den technisch-zeichnerisch dargestellten Gegenständen muß durch Bewußtseinsanstrengungen die räumliche Tiefe gegeben werden. Dieser Vorgang ist mit einer besonderen psycho-nervösen Belastung verbunden, die eine entsprechende Ermüdung herbeiführt.

Der Konstrukteur sollte deshalb auf seinem Arbeitsplatz über genügend Bewegungsraum verfügen, um von Zeit zu Zeit einen Abstand zur Zeichenanlage einnehmen zu können, bei dem er die Peripherie des Zeichenbrettes innerhalb seines Gesichtsfeldes sieht, so daß sich für den Bewußtseinseindruck die ebene Fläche vor einem Hintergrund plastisch abhebt.

Der Gesichtswinkel beträgt für weißes Licht über 180° in der Horizontalen und etwa 110° in der Vertikalen [8]. Der räumliche Eindruck wird mit verbesserter chromatischer Wahrnehmung stärker. Vollchromatisches Sehen umfaßt aber nur einen Raumwinkel von etwa 40° des Gesichtsfeldes.

Die gelegentlichen Übergänge zu realen dreidimensionalen Sehen bringen dem Konstrukteur psychische Entspannung. Bei dem Wahrnehmungsvorgang plastischer, der inneren Erlebniswelt vertrauterer Gegenstände wird das Bewußtsein von der Sinnerfüllung der Vorstellung entlastet.

Ferner ist es für die Muskeln der Augenlinsen günstig, wenn sie sich gelegentlich entspannen können, indem der Blick von nahen Objekten auf entferntere fixiert wird.

Von besonderer Wichtigkeit zur Frage der Arbeitsplatzgröße im technischen Büro sind die psychologischen Momente. Räumliche Enge wird stets auch als solche empfunden und führt zu einem entsprechenden Niederschlag in psychischen, teils bewußten, teils unbewußten Bereichen. Von hier aus wirken dann Hemmungen auf den geistigen Arbeitsvorgang ein.

Der psychische Eindruck der Einengung ist subjektiv unterschiedlich und sowohl von der persönlich-individuellen als auch der völkischen Mentalität abhängig. Deshalb ist es nicht möglich, von dieser Seite her allgemeinverbindliche, feste Mindesmaße zu errechnen. Der Konstrukteur soll nicht unter dem Eindruck einer erdrückenden Arbeitsumgebung tätig sein, denn das Unbehagen in der seelischen Gesamtsituation erfordert einen höheren psycho-nervösen Energieaufwand und schränkt den geistigen Gestaltungsraum ein.

Für die hohe Kombinationsfähigkeit, die erst die konstruktiven Erfolge ermöglicht, müssen die in der Erinnerung abgelegten Bewußtseinsinhalte dem rationalen Denkvorgang leicht zugänglich sein. Hierzu bedarf es eines bestimmten Gemütsuntergrundes. Er kann sich nur in einer psychischen Freiheitsatmosphäre entfalten, die ihrerseits nur in einer materiellen räumlichen Entsprechung des Arbeitsplatzes entstehen kann.

Die größte Ausdehnung eines Arbeitsplatzes dürfte - vor Überschreitung wirtschaftlich vertretbaren Kapitaleinsatzes in Relation zum Arbeitswert - bereits von arbeitsorganisatorischen und soziologisch-psychologischen Aspekten begrenzt werden. Der Konstrukteur arbeitet im allgemeinen in einer Gemeinschaft mit anderen zusammen an einer größeren Konstruktionsaufgabe, die über seinen eigenen Arbeitsbereich hinausgeht. Hierzu ist es notwendig, von Arbeitspaltz zu Arbeitsplatz einen räumlichen Abstand zu haben, der unter Berücksichtigung verschiedener menschlicher Eigenarten die günstigsten Arbeitskontaktverhältnisse gewährleistet. Aus diesen Gründen können Arbeitsplätze für die üblichen Konstruktionsaufgaben im technischen Büro mit mehr als $\underline{25\ m^2}$ Fläche nicht mehr als sinnvoll und zweckentsprechend betrachtet werden.

Wenn man alle vorgenannten Momente abwägt, läßt sich eine Dimensionierung der Größe eines Arbeitsplatzes für den Kontrukteur treffen. Für die üblichen Betriebsverhältnisse dürfte nach dem derzeitigen Erkenntnisstand eine Arbeitsplatzfläche von $\underline{10\ \text{bis}\ 12\ m^2}$ als Optimum anzusehen und bei Raumplanung in Ansatz zu bringen sein. Kleine Zeichenbretter erlauben auch kleinere Arbeitsplätze. Als unterste Grenze sollten aber $7\ m^2$ nicht unterschritten werden.

In der <u>Anordnung</u> der Einrichtungsgegenstände am Arbeitsplatz werden im allgemeinen dem Konstrukteur zu wenig Einflußnahmen zugestanden. Die vom Betrieb erstrebte Gleichartigkeit der Arbeitsplätze und die Anordnung in streng ausgerichteten Formationen steht in einem gewissen Gegensatz zur Eigengesetzlichkeit geistig-konstruktiven Schaffens.

Die Qualitätsunterschiede in der Konstruktionstätigkeit bedingen in einem gewissen Grade auch unterschiedliche Einrichtungsgegenstände und Arbeitsplatzverhältnisse. Tätigkeiten mit höheren Anforderungen an das Können und Erkenntnisvermögen benötigen im allgemeinen mehr Unterlagen, Ordnungsmittel und Arbeitsraum.

Ferner ist die Breite des konstruktiven Entfaltungsspielraumes für die Einrichtungsplanung von Bedeutung. Die Konstruktionsaufgaben eines Betriebes oder einer Abteilung können von der Art sein, daß Bedingungen, Vorschriften und Forderungen der konstruktiven Gestaltung sehr enge Grenzen setzen; andererseits kann gelegentlich die größte Gestaltungsfreiheit gegeben sein [9]. Das umfassende technische Wissen des Konstrukteurs und die hohen geistig-seelisches Anstrengungen für die zweckgerichtete Kombination der Wissensinhalte erhöhen seine psychische Empfindsamkeit, steigern das Ausmaß nervöser Erregungen und Reaktionen und vermindern die Eigenständigkeit des neuro-physiologischen Organgeschehens. In gleichem Maße wächst die Spannung mit einer vorgegebenen, nicht der menschlichen Handlungs- und Wesensart entsprechenden materiellen Umgebung.

Weitere psychologische Aspekte ergeben sich aus den mitmenschlichen Verhältnissen, deren Merkmale mit Betriebsklima, Leistungseinstellung, Mentalität und mehreren anderen Bezeichnungen begrifflich angesprochen werden. Von besonderem Einfluß werden immer die von den Persönlichkeiten der Betriebsführung und ihrer einzelnen Stellenleiter ausgehenden gemeinschaftsbildenden Kräfte sein.

Die Einrichtung und Anordnung der Arbeitsplätze muß also auf der einen Seite mehr die arbeitstechnischen Belange des Konstrukteurs beachten, indem die Ausgestaltung nach Arbeitsumfang und -art vorgenommen wird; auf der anderen Seite gilt es der Eigenart der geistig-konstruktiven Tätigkeiten und der sie ausführenden Menschen in größerem Maße Rechnung zu tragen.

Die Maßnahmen zu einer entsprechenden Arbeitsplatzgestaltung sollten sich auf eine möglichst breite Erkenntnisgrundlage stützen. Viele Beiträge liefern Arbeits-, Verhaltens- und andere anthropologische Wissenschaften.

Um dem Konstrukteur selbst in einem bestimmten Rahmen eine individuellere Arbeitsplatzgestaltung zu erlauben, gibt es im Betrieb verschiedene Möglichkeiten, die nicht nennenswerte Mehrkosten verursachen. Die Auswahl von Form und Farbe kann dem einzelnen für viele Dinge überlassen werden. In manchen Fällen wird man ihm auch freistellen können, welche Anzahl von Gegenständen er benötigt.

Bessere Arbeitsplatzgestaltung wirkt sich persönlichkeits- und leistungsfördernd aus. Diese geistigen Reserven sind jedoch in den technischen Büros noch wenig erschlossen.

3.3 Raumfaktoren

Die Gestaltung der Arbeitsräume bildet ein weiteres wichtiges Rationalisierungsmittel für das geistig-konstruktive Schaffen. Erfahrung, wissenschaftliche Erkenntnisse und Arbeitsstudien liefern dafür die Grundlagen und Richtlinien. Die Raumgestaltungsaufgaben in anderen Betriebsbereichen sind sehr verschieden von denen der technischen Büros, denn mit der Zunahme der Geistigkeit einer Arbeit wächst die Empfindlichkeit des Menschen gegenüber seiner Umgebung [10]. Deshalb sollten vor allem bei Neubauten von Bürohäusern die sich daraus ergebenden Folgerungen eine besondere Beachtung finden.

Einige physikalische, soziologische und ästhetische Fragen werden in diesem Zusammenhang erörtert.

Von den <u>physikalischen Faktoren</u> eines Arbeitsraumes sind die lichttechnischen und akustischen Verhältnisse von besonderer Bedeutung. In bezug auf die Beleuchtung gilt der Grundsatz, daß gutes Tageslicht immer anzustreben ist. Es soll von links auf die Zeichenbretter fallen, die mit ein wenig Neigung zur Senkrechten auf die Fensterwand stehen. Künstliche Beleuchtung soll das Tageslicht ergänzen, es aber an keinem Arbeitsplatz vollständig ersetzen [11].

Der Mensch soll bei seiner Arbeit mit den natürlichen Wetterveränderungen in Sichtverbindung bleiben. Es wirkt sich psychisch ungünstig aus, wenn der meteorologische Ablauf nicht beobachtet werden kann. Früher oder später summieren sich dann die Eindrücke zu einem Gefühl des Unbehagens mit entsprechenden Leistungsminderungen als Folge. Tageslicht und nach Möglichkeit auch künstliche Beleuchtung sollen nur diffuse Strahlung auf den Arbeitsplatz senden, ihn mit sogenanntem indirektem Licht erhellen. Als Mindestbeleuchtungsstärken sind heute 400 Lux anzusehen [12, 13].

Bei schlechten örtlichen Luftverhältnissen, namentlich in Gegenden starker Industriekonzentration, verbessern Klimaanlagen die hygienischen Arbeitsbedingungen. Sie regeln Frischluftgehalt (maximal 0,14 % CO_2 in der Luft am Arbeitsplatz), Temperatur (18 bis 22° C), Luftfeuchtigkeit (40 bis 70 %) und möglichst auch den Staubgehalt [7]. Über die Zumischung anregender Komponenten, wie kleinster Mengen bestimmter aromatischer Verbindungen, konnte bis jetzt erst wenig Erfahrung gesammelt werden. Die künstliche Klimatisierung soll nicht statisch betrieben werden, indem sie auf stets gleiche physikalische Zustände eingestellt bleibt. Das Behaglichkeitsempfinden des Menschen ist vor allem in thermischer Beziehung jahreszeitlich unterschiedlich. Für eine angepaßte Klimaführung gibt es entsprechende Richtlinien (DIN 1946). Aber auch in kürzeren Zeitabschnitten wirken sich Schwankungen günstig aus, indem sie als kleine Klimareize die neuro-physiologische Aktivität fördern. Sie können in Anlehnung an die meteorologische Zustandsänderungen oder das menschliche, rhythmisch-physiologische Organgeschehen gesteuert werden. Auf diesem Gebiet bleiben noch viele Probleme für die Forschung offen.

Die Innenausstattung der Arbeitsräume sollte auch den Gesichtspunkten der <u>Schalldämpfung</u> Rechnung tragen. Wände, Decken, ebenso die Rückseiten der Zeichenbretter können mit sogenannten schallschluckenden Materialien versehen werden. Wegen des unvermeidlichen Geschäftsverkehrs verdient der Fußbodenbelag die besondere Aufmerksamkeit. Die Schalldämpfung darf aber nicht mit zusätzlicher Staubentwicklung verbunden sein.

Von besonderer Bedeutung ist die Frage nach der <u>Größe eines Arbeitsraumes</u> im technischen Büro. Bei Neubauten wird man eine räumliche Übereinstimmung mit dem betrieblichen Organisationsplan anstreben. Sie wird aber nur von mehr oder minder kurzer Dauer sein, da organisatorische Veränderungen zum Wesen jedes Betriebes gehören.

So kommt es gewöhnlich zu einem Kompromiß in der Bauplanung, um möglichst vielseitigen Betriebsanforderungen gerecht werden zu können. Für die Anpassung an verschiedene Situationen erweisen sich versetzbare Zwischenwände als sehr vorteilhaft; in bestimmten Abständen werden Montagemöglichkeiten für den Umbau vorgesehen.

Nachdem die Größe eines Arbeitsplatzes in dem vorhergehenden Abschnitt behandelt und dimensioniert worden ist, ergibt sich die Größe des Arbeitsraumes aus der Anzahl der Arbeitsplätze. Die Frage läuft damit auf die Ermittlung der günstigsten Personenzahl einer Konstruktions-Schaffensgemeinschaft hinaus.

Diese Aufgabe ist aber - soweit sie mit rationalen Mitteln erfaßt werden kann - mit einer Vielzahl voneinander abgrenzbarer Faktoren aus verschiedenen Wissensgebieten verknüpft. Sie läßt sich deshalb nicht wie eine einfache mathematische Gleichung zu einem eindeutigen Zahlenergebnis hinleiten. Deshalb soll hier an Hand der wichtigsten Einflußgrößen der Bereich erörtert werden, in dem sich die Personenzahl der Arbeitsraumgemeinschaft bewegen mag, welches ihre unteren und oberen Grenzen sind.

Zunächst soll die Frage auf die <u>kleinste Personenzahl</u> eines konstruktiven Arbeitsteams gerichtet werden. Die Art der Konstruktionsaufgaben gibt von der organisatorischen Seite her bestimmte Bedingungen vor.

Ein einzelner Konstrukteur in einer Sonderstellung oder Spezialaufgabe bildet im Extremfall die kleinste Organisationseinheit. Viele Argumente, insbesondere aus den Verhaltenswissenschaften, sprechen aber auch in diesen Fällen gegen eine räumliche Isolierung, es sei denn, daß sie arbeitsbedingt notwendig ist, zum Beispiel bei Tätigkeiten mit unverhältnismäßig großen Störungen für die Arbeitsnachbarn, mit starkem Publikumsverkehr oder mit geräuschvollen Geräten.

Für die Vertretung bei Krankheit, Urlaub oder sonstiger Abwesenheit ist die Einzelraumarbeitsweise sehr ungünstig. Die Aufgaben des Mitarbeiters lernt man am besten durch Miterleben im gleichen Arbeitsraum kennen.

Ferner ist das Schaffen in Gemeinschaften für den Menschen befriedigender. In sachlicher Beziehung führt dabei der Erfahrungsaustausch zu einem allseitigen Wissensaufbau. Dann ergeben sich aus dem Gemeinsamkeitserleben starke leistungssteigernde psychische Impulse. Ihre Wurzel kann man nicht auschließlich im Wettbewerbsstreben suchen; sie sind vielmehr natürliche Folge des Anteilnehmens und Mitschwingens in dem gemeinschaftsformenden Gestaltungsprozeß.

Tätigsein im Mitarbeiterkreis bringt den einzelnen immer wieder in die Situation, die bewußt aufgenommenen und im Gedächtnis abgelegten technischen Begriffsinhalte und Sachverhalte sprachlich zu reproduzieren. Dadurch kommt es zu einer fortgesetzten Verfestigung des technischen Wissens, das auf diese Weise zu einem zuverlässigen Unterbau für weitere geistige Anlagerungen ausreift.

Die kleinste Arbeitsraumgemeinschaft soll deshalb aus nicht weniger als <u>drei Personen</u> bestehen. Mit dieser Festlegung wird auch vielen persönlichen Spannungen ein Riegel vorgeschoben, die sich häufig zwischen zwei in einem Raum arbeitenden Kollegen einstellen und deren tiefenpsychologisches Motiv eine Übertragung innerer, nicht ausgelebter Vorstellungsverknüpfungen ist, die dann leicht als Elemente des Unbehagens auf die Person des Gegenüber projiziert werden. Eine solche seelische Objektbezogenheit ist kaum rationalen Einflußnahmen zugänglich; sie wird betrieblicherseits am besten durch Verändern der Gemeinschaftsform abgetragen.

Eine <u>größte Personenzahl</u> für eine konstruktive Arbeitsgemeinschaft abzugrenzen, ist wesentlich schwieriger, da eine größere Mannigfaltigkeit sozial-psychologischer Faktoren ins Gewicht fällt.

Aber auch von der organisatorischen Seite her werden sich Forderungen nach einer zahlenmäßigen Begrenzung ergeben. Sie liegen zu einem Teil in dem Organisationsplan eines Betriebes, der den Rahmen für einen einwandfreien Arbeitsablauf in den Büros vorgibt, indem er vor allem die Zuständigkeiten klärt und die Arbeitsbetreuung und Überwachung regelt. Aus der räumlichen Trennung nach Sachgebieten und der organisatorischen Unterstellung ergibt sich oft eine bestimmte Raumbelegungszahl. Die Betriebsverhältnisse bedingen oft Größen der Konstruktionsabteilungen, deren gemeinschaftliche räumliche Unterbringung nach soziologisch-psychologischer Beurteilung nicht bedenklich erscheint. Solche Fälle, die in Kleinbetrieben die Regel sind und in Mittelbetrieben in der Mehrzahl vorkommen, stellen dann relativ einfache Raumplanungsprobleme dar.

In Großbetrieben dagegen erreichen die organisatorischen Gemeinschaften der technischen Büros oft Ausmaße, deren Zusammenfassung in einem gemeinsamen Arbeitsraum nicht mehr vertretbar ist. Die Argumente ergeben sich aus dem Wissen um die speziellen Charakterprägungen der Konstruktionsarbeit und die allgemeinen menschlichen Verhaltensweisen.

Die den meisten Konstrukteuren eigene besondere Reizempfindlichkeit wird in der Gemeinschaftsarbeit besonders von der akustischen Belastung getroffen. Technische Büros keinesfalls starken Geräuschen auszusetzen sollte selbstverständlich sein; physiologische Reaktionen könnten dabei meßbar in Erscheinung treten [14, 15]. Aber auch schwächere Geräusche werden in Abhängigkeit von ihrer Tonhöhe und Frequenzmischung mit großen subjektiven Unterschieden als störend empfunden. Als bewußte oder unbewußte Wahrnehmung wirken sie arbeitshemmend.

Andererseits bilden Geräusche ein starkes Verbindungsmittel, in Schaffensgemeinschaften einen Arbeitsrhythmus einzuschwingen und zu erhalten. Auch bei vorwiegend geistigen Tätigkeiten trägt er wesentlich zur Verbesserung der Arbeitsergebnisse bei [16].

So gilt es, von Fall zu Fall abzuschätzen, ob die arbeitsbedingten akustischen und sonstigen wahrnehmbaren Begleiterscheinungen hauptsächlich als gemeinschaftsbildende Elemente die Arbeit fördern, oder ob sie infolge der zu großen Personenzahl in einem Arbeitsraum als Arbeitsunterbrechungen und -hemmungen stören und einem Arbeitsrhythmus entgegenwirken. Solche Entscheidungen werden in den meisten Fällen schwer zu treffen sein, da das Verhalten von Gemeinschaften nicht minder individuell ist als das der einzelnen Menschen.

Weitere Gesichtspunkte zur Abgrenzung einer größten Personenzahl in einem Arbeitsraum ergeben sich aus den Erkenntnissen des menschlichen Gemeinschaftsverhaltens. Naturgegebenes Anpassungsstreben zieht jeden Menschen in das Kräftespiel seines Umweltgeschehens hinein. Sein Handeln vollzieht sich innerhalb der Orientierung an den sachlichen Gegebenheiten und der Abstimmung auf den persönlichen Kreis. Es geht mit ein in den gemeinsamen Gestaltungsprozeß.

Je größer die Schaffensgemeinschaft, um so schwächer und auch selektiver werden die persönlichen Kontakte. Es bilden sich Informationsgruppen, sogenannte Cliquen, mit einer eigenen Sozialstruktur. Dadurch entstehen Spannungsverhältnisse, die sich für den Menschen und den Betrieb nachteilig auswirken. Das natürliche kollektive Handlungsbegehren führt dann solche Gruppen gegeneinander oder in Opposition zur Betriebshierarchie. Neben den Verlusten an Arbeitszeit, dem Schaden durch gegenseitige Arbeitserschwerung und den vielen Fehlleistungen bewirkt die Intensität, mit der solche sozialpolitischen und persönlichen Auseinandersetzungen verfolgt werden, einen starken Verzehr an Leistungskapazität. Im Laufe der Zeit bildet sich dann eine ungünstige Arbeitseinstellung aus, die sehr schwer wieder rückgängig zu machen ist.

Von großem Einfluß auf derartige Erscheinungen sind Tiefe und Breite der hierarchischen Ordnung einer konstruktiven Arbeitsgemeinschaft. Ein Arbeitsteam aus nur gleichqualifizierten und gleichgestellten Konstrukteuren hat ein schwächeres Sozialgefüge als ein anderes mit mehrstufigen Unterstellungen. Deshalb erfordert die geringere Tiefe des Organisationsystems eine entsprechende Verkleinerung der Personenzahl in der Arbeitsgemeinschaft.

Die _größte Personenzahl_ einer Gemeinschaft in einem Arbeitsraum sollte aus den angeführten Argumenten nicht mehr als 15 bis 18 betragen. Diese Zahlenangabe kann nur als Anhaltswert gelten. Die große Buntheit des Lebens spiegelt sich in mannigfachen Erscheinungsformen der menschlichen Individuen wider [17, 18]. Deshalb werden typologische und ethnologische Unterschiede die Ergebnisse dieser Betrachtung wie auch alle diesbezüglichen Experimente für den speziellen Fall in der Praxis nach beiden Richtungen in einem bestimmten Umfang verschieben. Auch wenn solche Untersuchungen auf eine der vorhandenen Typenlehren gestützt werden, lassen sich keine nennenswerten Erfolgsverbesserungen erhoffen. Die Typisierung selbst ist immer ein mit mehr oder weniger großer Gewalt betriebener Einordnungsprozeß von Lebensvorgängen in ein mit subjektiver Prägung behaftetes begriffliches Schema. Seine erlernte Anwendung vermehrt noch einmal die Spanne der Abweichung zwischen subjektiver Momentaufnahme und wirklichem menschlich-biologischem Dasein. Außerdem ist die Wesensart einer menschlichen Gemeinschaft nicht die einfache Summe ihrer Teile.

Deshalb können mit den hier empfohlenen Personenzahlen nur Anhaltswerte und deren Hauptargumente vorgestellt werden, die für geschätzte Durchschnittsverhältnisse und -menschen zusammengestellt wurden und die in allen Situationen in mehr oder weniger großer Übereinstimmung wiederzufinden sind.

Die Bedeutung der <u>ästhetischen Gesichtspunkte</u> für die Arbeitsraumgestaltung ist durch die Erkenntnisse, die die Tiefenpsychologie gebracht hat, wesentlich erhellt worden [19, 20, 21]. Formen und Farben in technischen Büros dürfen nicht gestalthafte Erlebnisgehalte Außenstehender für andere Außenstehende sein, sondern sollen sich, als aufrichtend und ausgleichend empfunden, der Gestaltenwelt des Konstrukteurs, seiner geistig-seelischen Verwobenheit mit der seherischen Schöpfung gegenständlicher Zweckformen einfügen.

4. Arbeitsteilung

Die Verfahren der industriellen Produktion sind gegenüber andern Schaffensvorgängen vor allen durch das Prinzip der Arbeitsteilung gekennzeichnet. Der Produktionsablauf wird heute durch entsprechenden Einsatz von Menschen und Betriebsmitteln von vornherein auf dieses Ziel ausgerichtet.

In den technischen Büros wird im allgemeinen der Betriebsauftrag ebenfalls in mehrere Teilaufgaben zerlegt. Nur in kleinen Betrieben kommt es gelegentlich vor, daß ein technischer Angestellter alle konstruktiven und zeichnerischen Arbeiten vom Auftragseingang bis zur Aushändigung der Fertigungsunterlagen an die Werkstatt allein wahrnimmt.

Die Arbeitsteilung nach Aufgabenbereichen wird für den Betrieb in einem Organisationsplan festgelegt; dadurch entstehen die Konstruktionsgemeinschaften, deren organisatorische Tiefe und Zusammengehörigkeit.
Im allgemeinen werden auch für die Verhältnisse in Großbetrieben vier Organisationsstufen ausreichend sein, wie sie als Beispiel in Abbildung 8 benannt und dargestellt sind.

Die entsprechenden Stellenleiter werden im allgemeinen folgendermaßen benannt:

    Technischer Direktor; Direktor der technischen Büros
    Hauptabteilungsleiter
    Abteilungsleiter
    Gruppenleiter.

Problematischer ist die Arbeitsteilung in bezug auf den einzelnen Konstruktionsauftrag. Den besonderen Verhältnissen der Konstruktionstätigkeit wird wenig Rechnung getragen, wenn die Maßnahmen an die Fertigungsplanung der Werkstatt angelehnt werden. Im Konstruktionsbüro gibt es nicht in gleichem Maße disponible menschliche Normalleistungen, so daß die Planung hauptsächlich auf die materiellen Gegebenheiten und Ziele gerichtet werden kann.

Die arbeitsorganisatorische Frage nach der Teilbarkeit des einzelnen Konstruktionsauftrages steht aber auch hier am Anfang; die weiteren Maßnahmen zur Arbeitsausführung gründen sich aber mehr auf ein Vertrautsein mit den Verlaufsformen menschlichen Leistungsgeschehens und Zusammenwirkens. Die Arbeitsmittel selbst sind von untergeordnetem Range für momentane organisatorische Regelungen bei der Ausführung der Konstruktionsaufgaben.

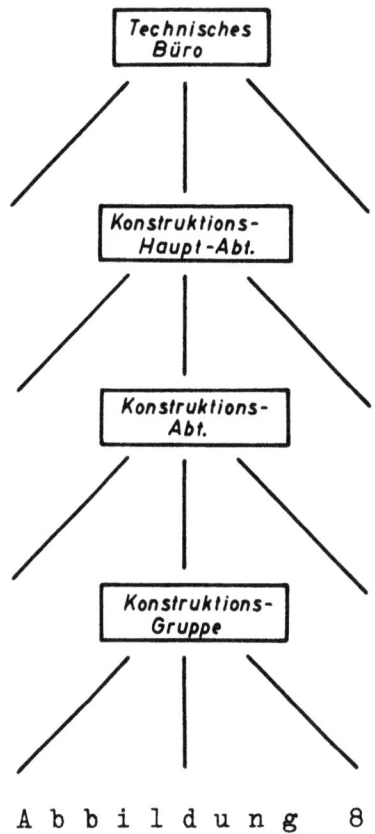

Abbildung 8

Psychologische und soziologische Aspekte sind für rationale Einflußnahmen auf die geistige Arbeit von großer Bedeutung. Alle Denkprozesse werden von affektiven Vorgängen begleitet. Die Ausweitung des Erkenntnisvermögens durch geistige Anstrengung erhöht - weitgehend unabhängig davon, welche objektiven Begriffsträger zu logischen Gegenständen werden - mehr oder weniger die sensorische Empfindlichkeit, denn der einzelne Denk- und Erkenntnisvorgang läuft über Gemütsbewegungen feinster gegensatzpaariger Empfindungen, die mit zentralnervösen Erregungen gekoppelt sind und so auf das neuro-physiologische Organgeschehen einwirken [8, 22, 23]. Die psycho-nervöse Sensibilität ist dadurch bei den meisten geistig-konstruktiv tätigen Menschen größer. In gleichem Maße lösen sie sich von kollektiven Verhaltensweisen und formen ihr individuelles Profil. Das Spektrum der typologischen Erscheinungen der Gemeinschaft wird breiter.

Dieses Sosein schränkt die Allgemeingültigkeit von Empfehlungen und Richtlinien für eine rationellere Arbeitsteilung beträchtlich ein. Ihre Fundamente sind zudem auf tiefgehendes Erkennen zu stellen. Der weitgespannte Bogen von hier zu den Erkenntnisobjekten muß aber überschaubar bleiben und möglichst viele Verbindungen knüpfen.

Um das Wissen über diese Dinge dem Stellenleiter im Betrieb zu vermitteln, bedarf es sorgsamer Auswahl von Namen und Aussagen, deren begrifflicher Benennung und Abgrenzung. In der Forschung der Rationalisierung hat die Sprache der industriellen Praxis den Vorrang und andere Fachterminologie ist in diese zu übertragen.

Man kann nun zwei methodische Wege gehen: Erkenntnistiefe und -umfang für eine vollständigere Zusammenhangsschau zu vergrößern oder Programme für die unmittelbare Anwendung zu entwerfen. - Nach dem erstgenannten Falle werden Handlungsentschlüsse auf einer breiteren Erkenntnisgrundlage der menschlichen Wesensart zu eigen; sie werden wirklichkeitsnäher und verstärken so die Kraft und Selbstsicherheit der Persönlichkeit. Die Reichweite des arbeitsorganisatorischen, gemeinschaftsformenden Wirkens wird größer. - Dagegen sind Rationalisierungsvorschläge für technische Büros in Form von Mehrpunkte-Programmen von vornherein mit dem Nachteil behaftet, daß sie große Allgemeingültigkeit für geringen Anwendungswert im Einzelfall eintauschen. Die Zusammenhänge lösen sich in einzelne Elemente auf und verlieren ihre Beziehungen zu dem Geflecht des komplexen Betriebsgeschehens. Das Befolgen vorgegebener Punkte ist ferner für alle die menschliche Eigenart betreffenden Maßnahmen sehr bedenklich und organisatorisch tätigen Persönlichkeiten nur begrenzt zumutbar.

Die Voruntersuchung hat ergeben, daß bessere Arbeitsteilung in technischen Büros den Arbeitserfolg beträchtlich zu steigern vermag. Einige wesentliche Punkte hierzu werden in den folgenden Ausführungen behandelt. Sie berühren verschiedene Probleme, auf die weitere Forschungsvorhaben anzusetzen wären. Mit großer Sorgfalt und Vorsicht wird dabei vorzugehen sein, um den Schwierigkeiten der ziffernmäßigen Abbildung solcher Wesenszusammenhänge zu begegnen.

Die Arbeitsteilung kann nach drei Gesichtspunkten behandelt werden: nach der vertikalen und horizontalen Organisationsrichtung, wenn man vom Schema des Organisationsplanes ausgeht, und nach der fachlichen Ausrichtung. Zur Vereinfachung werden entsprechende Bezeichnungen für die folgenden Unterabschnitte eingeführt:

1. Vertikale Arbeitsteilung
2. Horizontale Arbeitsteilung
3. Sachgebietsteilung

Der Sinngehalt der Bezeichnung Arbeitsteilung betrifft hier auch die Aspekte des Arbeitszusammenwirkens, denn die Aufgliederung in Einzelarbeitsanteile bezweckt deren Synthese zu einer optimalen Gemeinschaftsleistung.

4.1 Vertikale Arbeitsteilung

Die Aufteilung der Konstruktions- und Zeichenaufgaben bei einem einzelnen Konstruktionsauftrag in verschiedene, nacheinanderfolgende Arbeitsabschnitte mit abnehmenden Anforderungen an die Qualifikation des technischen Angestellten soll hier vertikale Arbeitsteilung genannt werden, da sich der Verlauf der einzelnen Arbeitsvorgänge auf dem Schaubild des Organisationsplanes in vertikaler Richtung abzeichnen würde.

Die einzelnen Abschnitte werden mit <u>Arbeitsstufen</u> bezeichnet. Die Anzahl der Arbeitsstufen hängt von vielen Faktoren ab und läßt sich nicht generell festlegen. Innerhalb eines Betriebes können von Aufgabe zu Aufgabe andere Dispositionen für den Arbeitsablauf günstig sein. Von großem Einfluß ist der Neuheitsgrad der Konstruktion oder der Umgestaltungsgard in bezug auf vorhandene Entwürfe. So kann die Neukonstruktion ihren Ausgang in der Stufe des Prinzipentwurfs durch den Chefkonstrukteur nehmen; sie durchläuft dann mehrere konstruktive Entwicklungsstufen auf dem Wege zu ihrer geistig vorgestellten Vervollkommnung und gelangt schließlich zu den Zeichnern zur Erstellung der Fertigungsunterlagen. Wenn sich dann beim Erproben Mängel herausstellen oder sonstige Änderungswünsche ergeben, entscheidet der Veränderungsgrad über die Ranghöhe der Stufe, von der ab die konstruktive Arbeitsfolge von neuem zu durchlaufen ist.

Es kommen aber auch einfache Konstruktionsaufgaben vor, zumeist als Anpassungskonstruktionen, bei denen lediglich nach kurzen Anweisungen Veränderungen vorzunehmen sind, für die mitunter das Können eines technischen Zeichners ausreicht [24].

In diesem breiten Bereich unterschiedlicher Anforderungen werden Konstruktionsaufgaben an den Konstrukteur herangetragen.

In der Praxis wird man wenigstens zwei Arbeitsstufen immer abgrenzen können:

1. Konstruieren
2. Technisches Zeichnen

Im großen und ganzen lassen sich als Kennzeichen dafür nennen, daß im Konstruieren die Entwürfe, im technischen Zeichnen die Unterlagen für die Fertigung erstellt werden.

Bei umfangreichen Konstruktionen größeren Neuheitgrades kann eine Einteilung bis zu sechs Stufen zweckmäßig sein. In der folgenden Aufstellung ist gleichzeitig angegeben, in welcher Form im allgemeinen in den einzelnen Stufen die Arbeitsergebnisse niedergelegt werden.

1. Prinzip-Konstruktion	Skizze
2. Vorentwurfs-Konstruktion	Skizze, Entwurfszeichnung
3. Entwurfs-Konstruktion	Entw.-Zeichn., Koordinaten-Entwurf
4. Teil-Konstruktion	Entwurfsteilzeichnung
5. Technisches Zeichnen	Werkstattzeichnung
6. Einzelteilzeichnen	Werkstatteinzelteilzeichnung

Je hochqualifizierter die Tätigkeiten, um so kleiner muß der Aufwand an zeichentechnischer Arbeit sein. Der Prinzipentwurf kann in Form einer handgezeichneten Skizze niedergelegt werden. Für viele Entwurfszeichnungen sind Arbeitseinsparungen durch Verwendung von Symbolen, Koordinatenbemaßung und andere Vereinfachungen möglich.

Es wird für das Gemeinschaftsgefüge des Betriebes günstig sein, wenn den einzelnen Arbeitsstufen eine entsprechende Benennung der sie verrichtenden technischen Angestellten parallel geht. Dafür sind in den Betrieben folgende Tätigkeitsgrade üblich:

1. Chefkonstrukteur
2. Oberkonstrukteur, Oberingenieur
3. Konstrukteur, Konstruktionsingenieur
4. Detailkonstrukteur, Konstruktionstechniker
5. Technischer Zeichner
6. Zeichenhelfer, Zeichnerlehrling

Die wirtschaftlichen Auswirkungen einer veränderten Arbeitsteilung, zum Beispiel der Einführung von Arbeitsstufen, lassen sich kaum dadurch beurteilen, daß die Aufwendungen an Gehältern und Kapitaleinsätzen mit bestimmten, momentanen Erlösanteilen verglichen werden. Erst über längere Zeiträume dürfte dies in Grenzen möglich sein. Soziale Aspekte der Gehaltspolitik verwischen darüber hinaus die Parallele zum Arbeitswert.

Deshalb ist es vorteilhaft, wenn Konstruktionswertziffern ermittelt werden. Sie ergeben sich aus der Qualität der Arbeit und der Zeit zu ihrer Verrichtung. Während die letztgenannte Größe im allgemeinen der Ermittlung leicht zugänglich ist, bereitet die Qualitätsbestimmung erhebliche Schwierigkeiten. Es sind verschiedene Methoden zur systematischen Ermittlung entwickelt worden (vergl. Abschnitt 4.2). Das subjektive Urteil wird aber immer einen großen Spielraum behalten. Wenn es allein die Maßstäbe liefert, muß der Bewerter über große Erfahrung verfügen und den ganzen Betrieb als Vergleichsbasis übersehen.

Die Kostenkalkulation mit Wertziffern zeigt besser die betriebswirtschaftliche Bedeutung einer Arbeitsweise in Qualifikationsstufen. Damit werden gleichzeitig für eine gerechtere Arbeitsvergütung die Berechnungsbasen geschaffen, von denen aus die sozialen Gesichtspunkte der betrieblichen Personalpolitik das Feld für die Diskrepanz zwischen momentaner Leistung und Bezahlung bemessen können.

Die Maßnahmen zur Steuerung der vertikalen Arbeitsteilung haben zum Ziel, die Tätigkeiten auf die Arbeitsstufen abzugrenzen. Konstruktionsarbeiten sind dann weiterzugeben, wenn die Qualifikationsanforderungen der nächstniederen Stufe zu ihrer Fortsetzung genügen. An diesen Übergangsstellen kommt es leicht zu Reibereien zwischen den kontrahierenden Personen, denn hier begegnen sich in mehr oder weniger großer Überschneidung die Peripherien der Tätigkeitsfelder. Je nach Veranlagung und Einstellung werden Kräfte wirksam, die die Grenzen nach außen oder innen zu verschieben suchen, um den Aufgabenumfang auszuweiten oder den Verantwortungsbereich zu verkleinern. Eine leistungsorientierte Arbeitsordnung verlangt aber, daß die Entwicklung solcher Spannungsverhältnisse nicht sich selbst überlassen bleibt.

Deshalb ist es notwendig, daß die einzelnen Arbeitsvorgänge in technischen Büros genau beobachtet werden und daß überall dort eine autoritäre Lenkung eingreift, wo sich statt der leistungs- und qualifikationsentsprechenden Rangordnung eine andere in den Vordergrund schiebt.

Unterwertige Tätigkeiten zu verrichten ist keine Erholungszeit für den Konstrukteur. Die Arbeitsvorgänge laufen dem Leistungsstreben zuwider. Sie ergeben eine Gemütsverstimmung, die die Leistungsbereitschaft herabsetzt.

Gegen eine räumliche Trennung in Arbeitsstufen, zum Beispiel in Konstruieren und technisches Zeichnen, sprechen mehrere Argumente der Erfahrung und Erkenntnis. Weitergeben und Verfolgen der Konstruktionsarbeiten werden schwieriger. Es bilden sich sogenannte unproduktive Zwischenstellen, über die die Arbeiten zur weiteren Verteilung ihren Weg nehmen. Der Arbeitsablauf wird schwerfälliger und ungeeigneter, besonderen Vorkommnissen, mit denen immer gerechnet werden muß, zu begegnen.

Außerdem wird das soziale Gefüge krisenempfindlicher. Aus der Gleichrangigkeit der miteinander Tätigen wächst eine eigene Sozialstruktur in Form von Informations- und Interessengruppen, deren Einstellung leicht zur Sinnverkehrung des gemeinsamen Schaffens führt.

Es konnte festgestellt werden, daß innerhalb der vertikalen Arbeitsteilung eine differenziertere Arbeitsstufung in Verbindung mit einer wirklichkeitsentsprechenden Kostenbeurteilung und einer soziologisch erkenntnisgereiften, sinnvollen Aufgabenzuweisung als Maßnahmen der einzelnen Stellenleiter die Wirksamkeit der geistig-konstruktiven Arbeitsanstrengung beträchtlich zu heben vermögen.

4.2 Horizontale Arbeitsteilung

Die Aufteilung eines Konstruktionsauftrages in gleichrangige Aufgaben soll in Anlehnung an die Darstellung des Organisationsplanes horizontale Arbeitsteilung genannt werden. Auf diese Weise entsteht aus dem Betriebsauftrag das Nebeneinander der Konstruktionsgemeinschaften.

Innerhalb dieser werden umfangreichere Konstruktionsarbeiten zerlegt und auf mehrere Konstrukteure delegiert. Im Verlauf der Ausführung wachsen sie dann bis zur Fertigstellung immer mehr zusammen.

Von besonderer Bedeutung ist die horizontale Arbeitsteilung der Einzelaufgabe in Arbeitsabschnitte, die ungefähr gleich hohe Arbeitsanforderungen an den Konstrukteur stellen, in denen aber jeweils eine andere Blickrichtung zum Arbeitsobjekt eingenommen wird.

Diese Arbeitsabschnitte sollen <u>Arbeitsgänge</u> genannt werden. Im allgemeinen lassen sich immer vier solche voneinander abgrenzen:

1. Konstruieren
2. Konstruktionsprüfung
3. Konstruktionsbewertung
4. Normprüfung

Oft kann es in der Praxis zweckmäßig sein, noch weitere Arbeitsgänge einzuführen, beispielsweise wenn besondere Spezialisten eingesetzt werden (Mathematiker, Elektrotechniker, Formgestalter).

Im Arbeitsgang <u>Konstruieren</u> wird der Entwurf bis zu einer Reife entwickelt, die der Konstrukteur als Lösung seiner Aufgabe ansieht.

In der anschließenden <u>Konstruktionsprüfung</u> wird die Realisierbarkeit des Konstruktionsentwurfs untersucht. Hierzu gehören nicht die Aufgaben, die man unter Zeichnungs- oder Normprüfung versteht, sondern es sollen vor allem Funktionsfähigkeit und Herstellbarkeit überprüft werden. Die Kontrolle gilt der Berechnung und materiallen Anordnung der Teile und deren Funktionieren in einer den technischen Anforderungen entsprechenden Weise.

Die <u>Konstruktionsbewertung</u> liefert schließlich Aufschlüsse über das Ausmaß des Fortschritts, den das entworfene Erzeugnis gegenüber seinen Vorläufern darstellt. Von den verschiedenen systematischen Verfahren verdient das von KESSELRING vorgeschlagene besondere Beachtung [9, 24, 25, 26, 27]. Aus der Wertung und Gewichtung der technischen Eigenschaften des Erzeugnisses ergibt sich die technische Wertigkeit (x), aus der Kostenermittlung unter der Annahme gleichbleibender Kostenproportionalität wird seine wirtschaftliche Wertigkeit (y) ermittelt. Beide Größen werden über orthogonalen Koordinaten aufgetragen. In Abbildung 9 sind als Beispiel vier Entwicklungsstadien $(s_1 \ldots s_4)$ eingezeichnet. Sie zeigen die sogenannte "Stärke (s_k) der Konstruktion an, deren Entwicklungslinie in einer idealisierten Entwicklung mit der unter 45° durch den Koordinatenursprung lauf nden Geraden zusammenfallen müßte.

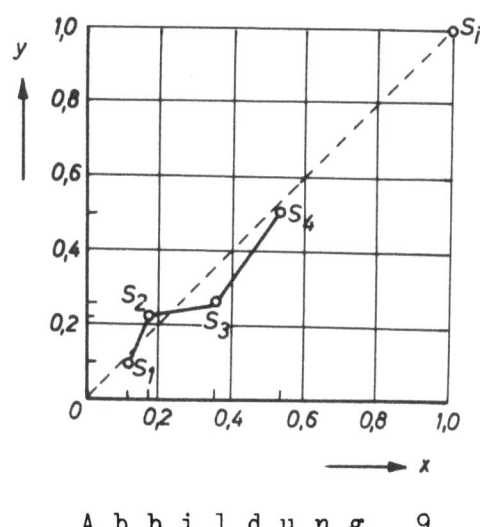

Abbildung 9

Die von KESSELRING vorgeschlagene Methode enthält viele Anregungen für die Praxis. Nicht unwesentlich ist ferner ihr pädagogischer Wert, indem sie systematisches technisch-wirtschaftliches Denken fördert.

Die Normprüfung erfolgt im allgemeinen erst dann, wenn der Konstruktionsentwurf als eine Lösung der gestellten Aufgabe angesehen werden kann. Sie erstreckt sich auf die Beurteilung der Verwendung von Normteilen nach DIN oder Werkstattnormen und Lagerlisten, den Einsatz von vorhandenen Bauteilen und Baueinheiten und die an sonstige Normen gebundene Erzeugnisgestaltung.

Anmerkung:

Die Zeichnungsprüfung hinsichtlich richtiger zeichnerischer Darstellung ist eigentlich keine Konstruktionsarbeit in dem Sinne der vorgenannten Arbeitsgänge; sie kann von erfahrenen Zeichnern vorgenommen werden. Deshalb wird sie in diesem Zusammenhang nicht als Arbeitsgang des Konstruierens betrachtet.

Die genannten vier Arbeitsgänge werden bei vielen Konstruktionsaufgaben am zweckmäßigsten in der hier angegebenen Reihenfolge durchlaufen. Sie kann jedoch nicht generalisiert werden; in der gleichen Konstruktionsabteilung ist mitunter die Situation von Aufgabe zu Aufgabe eine andere. Es kann oft vorteilhafter sein, Teile einzelner Arbeitsgänge ineinanderzuschachteln.

Die <u>Auswirkungen</u> dieser Form der Arbeitsteilung sind verschiedenartig. Um einen größeren Erfolg zu erzielen, kommt es darauf an, die genannten Arbeitsgänge - soweit es im Einzelfall möglich ist - verschiedenen Personen zu übertragen. Dies hat vor allem seinen Grund in der psychischen Entlastung des einzelnen Konstrukteurs, dem in verschiedenen Perspektiven angesetzten Mitdenken anderer und dem anlagegemäßeren Arbeitseinsatz.

Das Denken des Konstrukteurs ist sehr konzentriert auf sein Arbeitsobjekt und dessen Werden gerichtet. Die Denkvorgänge spielen sich immer mehr über einer im Unbewußten verankerten Leitstruktur ein. In dieses geistige Geschehen schiebt sich die Fülle konstruktiver Ideen und verwandelt sich mit Hilfe von Willenshandlungen zu symbolischen Darstellungsformen gestaltlich vorgestellter Schöpfungen. Sie müssen aus der inneren Fülle über möglichst wenig Hindernisse in die äußere, graphische Niederlegung ihren Weg nehmen können.

Wenn der Konstrukteur gezwungen ist, seine Arbeiten selbst zu prüfen, dann muß er seine Denkrichtung umkehren und unter hohem psychischen Energieaufwand in intellektgelenkten Schritten Punkt für Punkt seines Entwurfs abschreiten. Diese minuziösen Kontrollhandlungen verzehren einen außergewöhnlich hohen Anteil der geistigen Leistungsfähigkeit und gelingen trotzdem jedem Menschen nur mit mehr oder weniger großer Sicherheit; das durch progressives Konstruieren und die jeweilige Aufgabe gebildete Denkgerüst ist so stark richtunggeprägt, daß es die vom Verstand konzentriert gesteuerten Denkvorgänge immer wieder unterbricht und den Blick fast wie in reflektorischen Reaktionen in der alten Richtung über ganze Komplexe fliegen läßt.

Besonders ungünstig ist es, wenn der Konstrukteur seine Entwürfe bis zur Werkstattzeichnung selbst ausführt und noch auf zeichnerische Richtigkeit prüft. Die Überforderung durch die Anstrengung bei der Denkumkehr hat vorzeitige geistige Erschöpfung zur Folge; dennoch mangelt es an Sicherheit beim Auffinden vorhandener Fehler, die dann zu entsprechenden Verlusten in der Fertigung führen.

Auch ist es für den Konstrukteur sehr schwer, seine Arbeitsergebnisse richtig einzuschätzen. Die enge Beziehung, in der er zu seiner Schöpfung steht, läßt alle seine Aussagen hierüber zu affektiven sprachlichen Nachbildungen des konstruktiven Erlebnisses werden. Das abschließende Urteil ist letztlich nur die Zusammenfassung der beim Arbeitsfortgang getroffenen Wertungen. Trotzdem vermag methodisches Vorgehen auch hierbei den objektiven Aussagewert nicht unwesentlich zu erhöhen.

Dagegen ergibt sich eine völlig andere Situation, wenn der Konstrukteur von andern seine Arbeiten kontrollieren läßt. Das Orientierungsverlangen als vitale Urfunktion menschlicher Sinneseinstellung durchzieht den Konstruktionsentwurf mit dem eigenen Denksystem und stößt dabei leicht auf Dinge, die dem auf objektive Sachverhalte eingestellten technischen Denken zuwiderlaufen.

Die Arbeitsteilung in Arbeitsgänge gibt den Konstrukteuren mehr Gelegenheit, ihrer Veranlagung gemäße Tätigkeiten zu übernehmen. Jüngere Konstrukteure, die sich meistens durch Entfaltungsdrang und Ideenreichtum hervortun, werden im progressiven Konstruieren ihr bestes Wirkungsfeld finden. Dagegen ist für Prüf- und Kontrollaufgaben eine feste geistige Leitstruktur von Vorteil, auf der in bestimmten, individuell-bedingtem Rhythmusschrittmaß der Konstruktionsgegenstand abgetastet wird. Sie wird mit zunehmendem Alter stärker ausgebildet. Eine wirklichkeitsnahe Konstruktionsbewertung erfordert große Erfahrung und guten Überblick über das Betriebsgeschehen und die Marktverhältnisse.

Das Arbeiten in Arbeitsgängen ist eine organisatorische Möglichkeit, ein größeres geistig-konstruktives Potential auf den gleichen Arbeitsgegenstand anzusetzen. Es vermindert für den einzelnen den psychischen Energieaufwand, indem es ihm erlaubt, eine bestimmte Denkrichtung einzuhalten. Dieses Lösen der allzu festen Gedankenbindung gibt mehr Schaffensfreiheit und öffnet den konstruktiven Ideen einen größeren Gestaltungsraum. Aus einer solchen Synthese der Arbeitsanteile entsteht dann eine "stärkere" Konstruktion und als deren realisiertes Fertigungsergebnis ein Erzeugnis höheren Perfektionsgrades.

Die verschiedenen Betrachtungsebenen und die damit verbundene Arbeitseinstellung brauchen nicht notwendigerweise eine Minderung der Verantwortlichkeit zur Folge zu haben. Wenn die Arbeitsweise auf Gegenseitigkeit eingestellt ist, wird auch ein angemessener persönlicher Einsatz Bestandteil eines Allgemeinbewußtseins sein.

Das gemeinsame Tätigsein dieser Art in Arbeitsgängen steht auch im Einklang mit der Entwicklung der derzeitigen soziologischen Verhaltensformen.

4.3 Sachgebietsteilung

Die beiden vorhergehenden Abschnitte legten dar, wie organisatorische Maßnahmen der Arbeitsteilung einen Personenkreis mit der gleichen Konstruktionsaufgabe verbinden. Als weitere organisatorische Arbeitsverbesserung kann eine planmäßig gelenkte Sachgebietsteilung angesehen werden, um den einzelnen Konstruktionsauftrag intensiver durchzubilden und gleichzeitig den allgemeinen technischen Bildungsstand zu fördern. Es soll sich dabei um eine Art Schwerpunktbildung des fachlichen Wissens handeln. Für bestimmte Sachgebiete werden einzelne oder mehrere Konstrukteure interessiert, um dann bei allen Konstruktionsaufträgen die einschlägigen Fragen zu bearbeiten.

Im allgemeinen wird eine solche Orientierung für einen längeren Zeitraum als den eines Einzelauftrages bestehen bleiben. Innerhalb einer bestimmten Organisationseinheit nimmt der Konstrukteur auf alle sein Sach- und Wissensgebiet berührende Aufgaben Einfluß.

Die <u>fachliche Ausrichtung</u> ist nach materiellen und immateriellen Gegenständen möglich. Die erstgenannte hat die unmittelbar praktischen Fälle zum Inhalt, die Eigenschaften und die Relationen materieller Gebilde, sowohl ganzer Aggregate als auch einzelner Elemente. - Den immateriellen Gegenstandsbereich bildet das Erkenntnisvermögen technisch-naturwissenschaftlicher Wesenszusammenhänge in Verbindung mit einer Befähigung für die Anwendung der Gesetze aus den technischen Grundwissenschaften.

In der Sachgebietsteilung in den technischen Büros steht in der Praxis die materiell-orientierte Kategorie im Vordergrund. In der Art der Erzeugnisse liegen hauptsächlich die Bedingungen für die Abgrenzung der Fachgebiete. Als natürliche Folge stellt sich menschliches Streben nach Absichern des Reservates ein, bis bestimmte Erzeugnisse oder deren Teile der alleinigen Kompetenz untergeordnet sind. Ein größeres Objekt muß dann aus speziellen Einzeloperationen verschiedener Arbeitsplätze zusammengesetzt werden.

<u>Sozialpsychologische Erkenntnisse</u> und die Erfahrung lehren, daß der Wert der Arbeitsergebnisse intellektueller Anstrengungen bei unmittelbarem Aufeinandertreffen und Abwägen der Einzelanteile der Mitarbeiter größer ist als bei individuellen Nebeneinander. Typologisch und ethnologisch bedingte Eigenarten, ihr Ausmaß, ihre Häufigkeit und Streubreite geben natürlich ein vielfältiges Ineinanderwirken, das sich jeder Verallgemeinerung widersetzt. Es wird deshalb vorteilhafter sein, die größere Beachtung der Weiterbildung eines Arbeitsteams in technisch-wissenschaft-

licher Hinsicht zu widmen. Im realen Einzelfall ist von der Art der anfallenden Konstruktionsarbeiten auszugehen. Danach sind die Sachgebiete zu bilden. Sie müssen in fachlicher und menschlicher Hinsicht die Voraussetzungen für wirkungsvolles gegenseitiges Ergänzen enthalten.

Die größeren Leistungen in der Zusammenarbeit entstehen weniger als organisatorisches Ergebnis des systematischen Selektierens zusammengetragener spezifischer Sachverhalte, sondern vielmehr als Konsequenz der vom Aufforderungscharakter des Gemeinschaftserlebens ausgehenden psycho-dynamischen Impulse. Das Fachwissen der Sachbearbeiter liefert die Maßstäbe für die Tiefe der Weiterbildung, die von den Nicht-Sachbearbeitern auf größere Breite angestrebt wird. Die natürlichen Wettbewerbsregungen sorgen dann dafür, daß der Sachbearbeiter nicht auf einem bestimmten geistig-technischen Niveau stehen bleiben kann. In der Unausgewogenheit eines leistungsorientierten sozialen Gefüges liegen dazu viele Antriebsmomente.

5. Arbeitszeitplanung

Die übliche Arbeitszeitregelung in technischen Büros betrifft die Zahl der täglichen Arbeitsstunden, Beginn und Ende der Arbeitszeit und der Pausen, ferner im größeren Zeitrahmen das gegenseitige Abstimmen des Tarifurlaubs. Terminschwierigkeiten werden bei Konstruktionsaufgaben organisatorisch durch zusätzlichen Personaleinsatz an den Engpässen oder Einlegen von Überstunden gelöst.

Innerhalb der Arbeitszeit ist der Konstrukteur weitgehend sich selbst und den Einwirkungen seiner Umgebung überlassen. Er kann die Folge seiner Handlungen nach eigenem Gutdünken festlegen. Die Arbeitsüberwachung gilt in erster Linie dem Arbeitsfortschritt.

Diese freie Arbeitsweise ist in verschiedener Beziehung unvorteilhaft und bietet daher viele Ansatzmöglichkeiten für Verbesserungen durch Rationalisierungsmaßnahmen. Zunächst ist der Konstrukteur vielen Störungen ausgesetzt. Ihn treffen alle wahrnehmbaren Äußerungen der nach eigenem Arbeitstakt ablaufenden Tätigkeiten jedes einzelnen, insbesondere die Gespräche der Mitarbeiter über geschäftliche und persönliche Belange. Oft müssen in Momenten höchster geistiger Konzentration die gedanklichen Verbindungen gelöst werden, die sich nur mit großer Anstrengung wieder aufnehmen lassen. Dann gibt es keinen arbeitsbedingten Wechsel zwischen geistiger Spannung und Entspannung, wie er für die Erhaltung guter Leistungen auf die Dauer erforderlich wäre. Die Arbeitsanstrengung steht ferner nicht mit der rhythmisch-biologischen Leistungsdisposition des Menschen im Einklang; Zeiten höchster Leistungseinstellung werden häufig an Arbeitsobjekten geringer Anforderung verschwendet.

Eine Arbeitszeitplanung nach der Art, wie sie in der Fertigung vorgenommen wird, ist in technischen Büros nicht möglich. Für Arbeiten des technischen Zeichnens können auf Grund einer auf reiche Erfahrung gestützten Abschätzung Vorgabezeiten kalkuliert werden; für Konstruktionsaufgaben wird dies mit wachsendem Konstruktionsumfang und Umgestaltungsgrad schwieriger und schließlich unmöglich.

Eine Verbesserung der konstruktiven Arbeitsleistung ist deshalb nur mit einer Zeitplanung möglich, die eine Art Leitfaden zur Steuerung der Arbeitsabläufe darstellt. Die Folge der Arbeitsvorgänge und Geschäftsvorfälle ist so zu lenken, daß sich daraus möglichst günstige Auswirkungen auf den Leistungsantrieb, die Gesunderhaltung und ein menschlich befriedigendes Schaffenserlebnis ergeben.

Derartiges Bemühen kann in seinen wesentlichen Zügen als Verbesserung des Arbeitsrhythmus beschrieben wurden. Er ist in jedem Schaffensvorgang einer menschlichen Gemeinschaft mehr oder weniger vorhanden. Die Formen, in denen er in Erscheinung tritt, und der Grad, in dem er sich ausprägt, lassen erkennen, welche gemeinschaftsbildenden Kräfte wirken und die Wesensmerkmale der Gruppe bestimmen.

In den meisten technischen Büros ist die Situation dadurch gekennzeichnet, daß die individuelle Arbeitsweise gemeinsame Verhaltensformen bis zu einem Grade zurückdrängt, der menschlich unbefriedigend ist und auch die gemeinsame Arbeitswirksamkeit herabsetzt. Folglich ist hier nur zu erörtern, was der Rhythmusförderung dient, denn jedes Rhythmuserleben ist lustbetont; es erhöht das Leistungsvermögen und mindert den Einfluß leistungshemmender Komponenten.

Alle Maßnahmen der Arbeitszeitplanung können nur solche Vorkommnisse betreffen, die regelmäßig auftreten, sich voneinander abgrenzen lassen, einer Einflußnahme zugänglich und vorhersehbar sind. Die speziellen betrieblichen Verhältnisse nehmen auf die Auswahl der einzelnen Arbeitsabschnitte wesentlichen Einfluß.

Die Grundlage der Arbeitszeitplanung ist eine Übersicht über die Tätigkeiten der technischen Angestellten. Sie kann nach den Verfahren der Arbeitszeitermittlung erstellt werden, die in dem folgenden ersten Unterabschnitt behandelt werden soll.

In dem weiteren werden dann die Arbeitspläne für verschiedene Zeitabschnitte erörtert.

5.1 Arbeitszeitermittlung

Es gibt verschiedene Möglichkeiten, einzelne Abschnitte des konstruktiven Arbeitsvorganges zeitlich zu erfassen. Nach welchen Verfahren dies am besten zu geschehen hat wird davon abhängen, ob die erforderliche Sicherheit der Ergebnisse gewährleistet ist, der Aufwand an Personen und Mitteln in vertretbaren Grenzen bleibt und der Arbeitsablauf von den Zeitnehmern nicht zu stark gestört und verzerrt wird.

Die Eigenaufschreibung der Tätigkeiten ist somit aus den genannten Gründen wenig zur Arbeitszeitermittlung geeignet. Es entstehen große Ungenauigkeiten, wenn jeder technische Angestellte selbst seine Arbeitsabschnitte messen und in ein entsprechendes Formular eintragen soll. Dabei ergeben sich auch zusätzliche psychische Belastungen, die den gewohnten Arbeitsrhythmus stören. Die Messung wird mitunter großzügig gehandhabt, indem die Zeiten für einen Tagesabschnitt nachträglich geschätzt werden. Subjektive Momente tragen dazu bei, den für höherwertig gehaltenen Tätigkeiten größeres zeitliches Gewicht zuzubilligen. Es ist ferner viel Mühe aufzuwenden, die Beteiligten vorher zu unterweisen und mit allen Einzelheiten des Verfahrens vertraut zu machen.

Zeitaufnahmen durch Zeitnehmer am Einzelarbeitsplatz in sinngemäßer Abwandlung der in der Werkstatt angewandten Formen sind ebenfalls nicht zu empfehlen. Unter dem Eindruck des Zeitnehmens wird das Verhalten des sensitiven Konstrukteurs sehr von seinem normalen Tun abweichen. Die relativ langen Zeiten, über die sich solche Aufnahmen erstrecken müßten, und der große Personalaufwand machen dies Verfahren zu kostspielig.

Arbeitszeitstudien mit Hilfe eines Verfahrens, das als Multimomentaufnahme bekannt geworden ist, dürften für den vorliegenden Zweck am geeignetsten sein. Es handelt sich dabei um ein statistisches Stichprobenverfahren, das in Deutschland noch relativ wenig in Anwendung ist, entstanden bei dem Versuch, in der mechanischen Fertigung die Verteilzeiten wirtschaftlicher zu ermitteln [28, 29, 30].

Die Grundgedanken dieses Zeitaufnahmeverfahrens können an Hand der Abbildung 10 gezeigt werden. Zunächst wurde der als Beispiel gewählte Sachverhalt des Arbeitsablaufs schematisch aufgezeichnet. Danach verrichten zehn Arbeiter (A, B, ... J) drei verschiedene Arbeitsgänge (a, b, c), deren zeitliche Folge durch entsprechende Schwärzung der Arbeitsverlaufslinien dargestellt sei (durchgehende, gestrichelte und punktierte Linien). In den drei rechten Spalten stehen die tatsächlichen prozentualen Zeit-Anteile der Arbeitsgänge (a, b, c) darunter deren Mittelwerte von allen zehn Arbeitsplätzen. Eine solche Zeitermittlung ist natürlich nur mit Zeitaufnahmen an jedem einzelnen Arbeitsplatz möglich.

Ein gleiches oder ähnliches Ergebnis soll nun das Multimomentverfahren erbringen. Dazu werden zehn Rundgänge angesetzt, die jedesmal an allen zehn Arbeitsplätzen vorbeiführen. In Abbildung 10 stellen die Pfeile die Betriebsrundgänge dar. Ihre Schnittpunkte mit den Arbeitsverlaufslinien der Arbeiter (A, B, ...J) geben den Moment der Beobachtung an. Die Tätigkeiten in diesen Augenblicken werden unten mit Zählstrichen in der Zeile jedes Arbeitsganges vermerkt und nach Abschluß der zehn Rundgänge nach rechts addiert. Ihre Anzahl ergibt bei den hier gewählten 100 Beobachtungen gleichzeitig die Prozentzahlen. Sie sind den exakt ermittelten (aus drei rechten Spalten) gegenübergestellt. Trotz der relativ geringen Zahl von Beobachtungen zeigt sich eine gute Übereinstimmung.

Wie bei jedem Stichprobenverfahren streuen auch die Ergebnisse dieser Methode. Vermehrt man die Anzahl der Beobachtungen, wird die Streubreite kleiner. Die funktionalen Zusammenhänge liefern die mathematische Statistik und die Wahrscheinlichkeitsrechnung.

Daraus ergeben sich für diese Anwendung die folgenden formalen Beziehungen.

Der Anteil (p) des einzelnen Arbeitsganges liegt in dem Streubereich

$$p - s < p < p + s$$

Das Streuungsintervall ($\pm s$) kann berechnet werden nach

$$s = \lambda \sqrt{\frac{(1 - p) p}{n}}$$

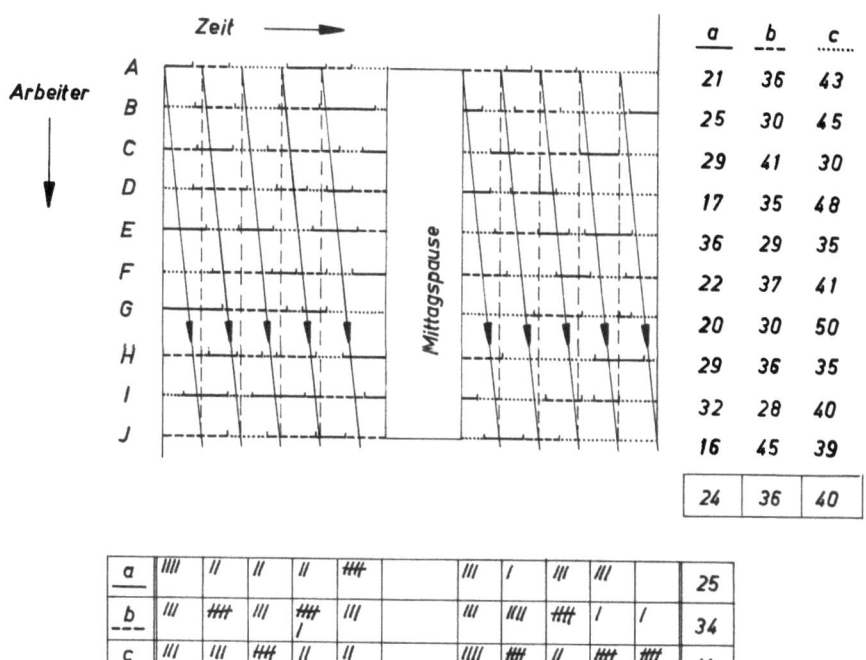

Abbildung 10

wobei n die Anzahl der Beobachtungen angibt. Der Faktor λ ergibt sich aus dem Fehlschlußrisiko ($\varkappa$) und der Arbeitsabhängigkeit (c)

$$\lambda = \varkappa \cdot c$$

Das erfahrungsgemäß industriellen Untersuchungen genügende Fehlschlußrisiko beträgt 5 %, oder mit anderen Worten, eine statische Sicherheit von 95 % wird als ausreichend betrachtet. Damit wird $\varkappa = 1,96$. - Der Abhängigkeitsfaktor (c) ist nach der Gleichförmigkeit der Arbeit und dem Beobachtungsturnus abzuschätzen. Für den genannten Zweck der Ermittlund der Arbeitsverteilung in technischen Büros wird $c = 1,5$ in Ansatz gebracht. - Damit kann

$$\lambda \approx 3$$

gesetzt werden und für das Streuungsintervall erhält man die Formel

$$s = 3\sqrt{\frac{(1-p)p}{n}}$$

Dabei muß $s < 2,5$ % sein, bezogen auf die Gesamtzeit.

Beispiel:

In einem Konstruktionsbüro sollen drei verschiedene Arbeitsvorkommnisse durch die Miltimomentaufnahme erfaßt werden:

1. Tätigkeiten auf dem eigenen Arbeitsplatz (p_1^* = 50 %)
2. Tätigkeiten auf anderen Arbeitsplätzen (p_2^* = 30 %)
3. Aufenthalte außerhalb des Arbeitsraumes (p_3^* = 20 %)

Mit p_i^* sind hier die geschätzten Zeitanteile angegeben. Bei der Frage nach der Anzahl der notwendigen Beobachtungen ist von dem längsten Zeitanfall auszugehen, denn wegen

$$n = \left(\frac{3}{s}\right)^2 \cdot (1 - p) \, p$$

wächst $n \sim (1 - p) \, p$, hat also bei $p = 0,5$ das Maximum. Numerisch ergibt sich für das höchst zulässige Streuungsintervall ($s = \pm 2,5 \%$) nach der vorgenannten Formel

$$n = \left(\frac{3}{0,025}\right)^2 \cdot (1 - 0,5) \, 0,5$$

$$n = 3600 \text{ Beobachtungen}$$

Für die Zeitaufnahme an zehn Arbeitsplätzen sind damit

<u>360 Rundgänge</u> erforderlich.

Zweckmäßig ist es, die Ermittlung der notwendigen Anzahl von Beobachtungen (n) anhand eines Diagramms vorzunehmen, in dem Kurvenscharen mit dem Parameter p als Funktion

$$n = f(s)$$

dargestellt sind (Abb. 11, das obige Beispiel ist gestrichelt eingetragen).

Geht man von einer statistischen Sicherheit von 95 % aus, d.h. $s = \pm 2,5 \%$, dann ist die Anzahl der erforderlichen Beobachtungen (n) nur von dem Zeitanteil (p) abhängig (s. Abb. 12)

$$n \approx 1500 \, (p - p^2)$$

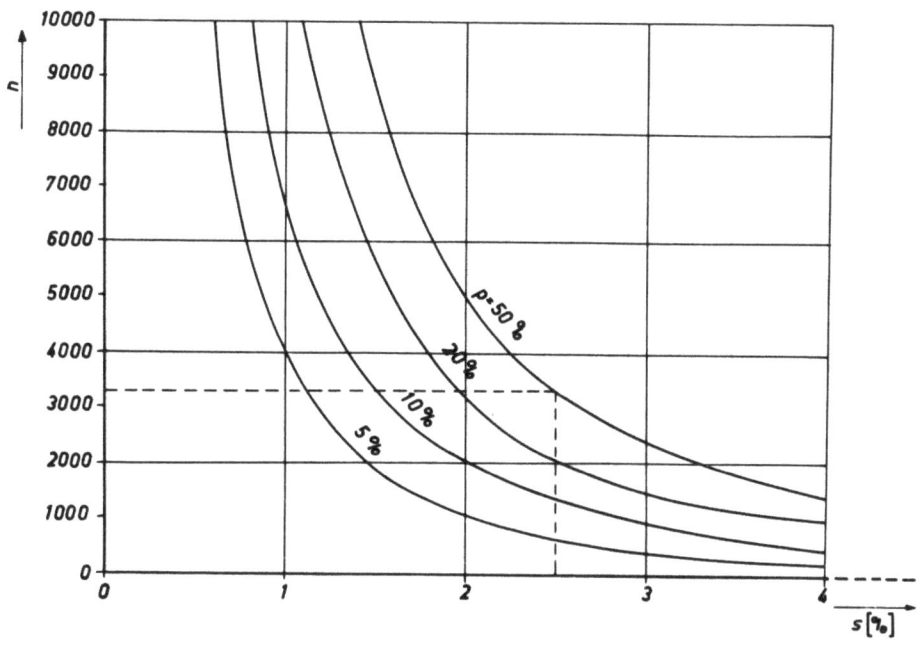

A b b i l d u n g   11

Die <u>Auswahl der Arbeitsgänge,</u> die auf diese Weise zu erfassen sind, kann nicht für alle Betriebe verbindlich vorgeschlagen werden. Aus der betrieblichen Eigenart und den jeweiligen besonderen Verhältnissen sind in jedem Einzelfall die Gesichtspunkte zu entlehnen. Es kommt deshalb mehr auf die Leitgedanken an, nach denen die Arbeitsgänge zusammenzustellen sind.

Da Zeitaufnahmen dazu dienen, den Ist-Zustand zu ermitteln, von dem aus die Arbeitszeitpläne für einen verbesserten Soll-Zustand aufzustellen sind, gilt es, vor allem solche Arbeitsabschnitte auszuwählen, die sich für eine organisatorische Lenkung eignen. Sie müssen außerdem für den gesamten Arbeitsablauf von Bedeutung sein und sollen einen Anteil (p) von 10 % (minimal 5 %) nicht unterschreiten.

Eine Grundforderung des Arbeitszeitstudiums ist die Erkennbarkeit der einzelnen Tätigkeiten für den Zeitnehmer; unsichere Beobachtungen dürfen nicht durch Befragen ergänzt werden. Die Schwierigkeiten bei den Zeitaufnahmen in technischen Büros sind wesentlich größer als in der mechanischen Fertigung, in der die Funktionsabläufe als köperliche Bewegungen oder Veränderungen in Erscheinung treten. Deshalb sind die Arbeitsvorgänge so zu benennen und gegeneinander abzugrenzen, daß sie für den Beoachter unterscheidbar sind.

Die dann noch möglichen Fehlurteile wirken sich in der Auswertung weniger aus, wenn die Tätigkeiten nach der äußeren Ähnlichkeit des Arbeitsverhaltens auf dem Zeitaufnahmebogen aneinandergereiht werden. Die falsche Eintragung trifft dann die ähnlichsten Arbeitsvorgänge, so daß sich die Fehler einerseits in der großen Zahl zum Teil wieder aufheben, andererseits die Aussagefähigkeit der Zeitaufnahmen für den genannten Zweck nur unbedeutend verzerrt wird.

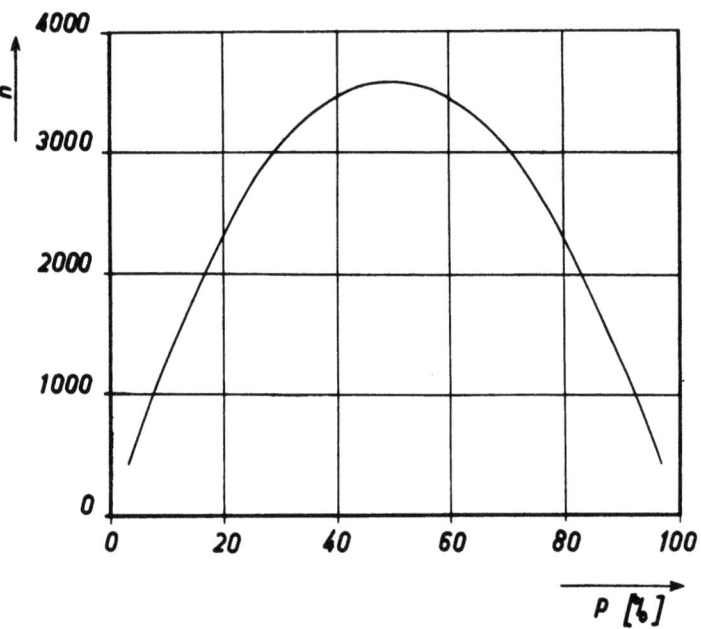

A b b i l d u n g   12

Es ist deshalb vorteilhaft, nach diesen Gesichtspunkten die Reihen zu gruppieren (in Abb. 14, Spalte 1' bis 4', 6' bis 8' usw.) und Gruppenspalten vorzusehen (Abb. 14, Spalte 5', 9' 10' usw.). Wenn dann mit der gewählten Merkmalsbezeichnung die beobachteten Verrichtungen nicht angesprochen werden können - sei es aus Erkenntnisschwierigkeiten oder weil eine entsprechende Bezeichnung für ein unvorhersehbares Geschehen fehlt -, wird die Erfassung in der Tätigkeitsgruppe lediglich einen gröberen, aber dennoch richtigen Überblick geben.

Als Beispiel für den Entwurf der Tätigkeitsgliederung für eine Zeitaufnahme soll eine relativ feingliedrige, dreistufige Tätigkeitsunterteilung für die Situation in einem beliebigen technischen Büro vorgestellt werden, ohne auf den ihm zugrunde gelegten praktischen Modellfall einzugehen (Abb. 13).

Zum Unterschied von anderen Arbeitszeitgliederungen im Betrieb sollen für die Indizes (A, N, F, H, ...), die sich mnemotechnisch an den Begriff des Sinngehalts anlehnen, und die Zeitkennzeichen (T) Großbuchstaben verwendet werden.

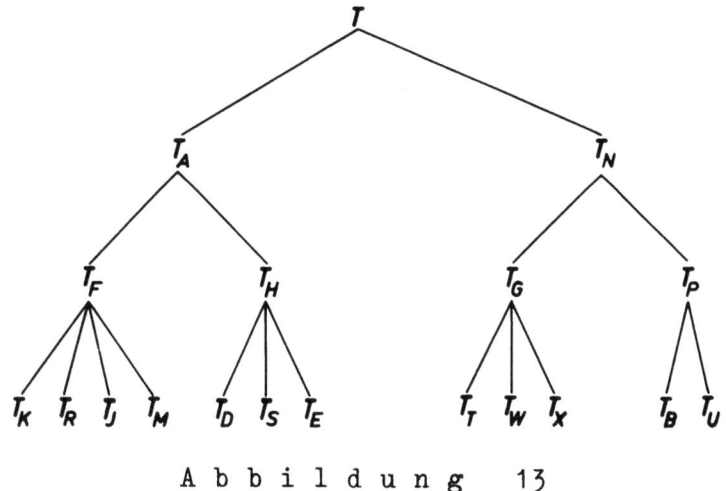

Abbildung 13

Die Arbeitszeit (T) wird zweckmäßig in Tätigkeit "am Arbeitsplatz" und "nicht am Arbeitsplatz" (T_N) gegliedert (Abb. 13). - Am Arbeitsplatz sollen Fortgangs- (T_F) und Haltezeiten (T_H) des Arbeitsablaufes unterschieden werden. Nicht-am-Arbeitsplatz-sein kann geschäftsbedingt (T_G) und persönlich bedingt (T_P) sein. Im allgemeinen werden beim Verlassen des Arbeitsplatzes bestimmte Verhaltensregeln üblich sein, die den Grund für das Fortgehen erkennen lassen; andernfalls ist es nützlich, solche Formen einzuführen.

Weiteres Unterteilen der Zeiten kann in der in Abbildung 13 dargestellten Weise geschehen. Die Arbeitsfortgangszeit (T_F) umfaßt die Tätigkeiten Konstruieren (T_K), Rechnen (T_R), Informieren (T_I) und manuelles Arbeiten (T_M); als Haltezeiten (T_H) der Konstruktionsarbeit können Diskussionen (T_D), Störungen (T_S) und Erholungspausen (T_E) angesehen werden. Der Geschäftsgang kann Aufenthalte auf andern Arbeitsplätzen des technischen Büros (T_T), in der Werkstatt (T_W) oder an sonstigen Betriebsstellen (T_X) notwendig machen; die persönlich bedingte Abwesenheit vom Arbeitsplatz (T_P) kann arbeitsbedingt (T_B) oder arbeitsunabhängig (T_U) sein.

Abbildung 14 stellt den Entwurf eines dazugehörigen Zeitaufnahmebogens dar. In den Spalten (1' bis 19') stehen die Zeitarten, in den Zeilen (1 bis 10) die Arbeitsplätze. Jede Gruppe von Zeitarten hat eine Summenspalte, zum Beispiel Summenspalte 5' für die Spalten 1' bis 4', 9' für 6' bis 8' und in gleicher Weise Summenspalte 10' für die beiden rangniederen 5' und 9'. Die Summenspalten dienen der Summierung bei der Auswertung, können aber auch - wie bereits erwähnt - bei Unterscheidungs-

Zeitaufnahmebogen

Konstr.-Abteilung:
Konstr.-Gruppe:
Datum:
Zeitnehmer:

Nr	Arbeitsplatz	T_K 1'	T_F T_R 2'	T_U 3'	T_M 4'	T_A $\Sigma[1'\div 4']$ 5'	T_D 6'	T_H T_S 7'	T_E 8'	$\Sigma[6'\div 8']$ 9'	5'+9' 10'	T_T 11'	T_G T_W 12'	T_X 13'	T_N $\Sigma[11'\div 13']$ 14'	T_B 15'	T_P T_U 16'	15'+16' 17'	14'+17' 18'	T 10'+18' 19'
1	A																			
2	B																			
3	C																			
4	D																			
5	E																			
6	F Σ %																			
7	G																			
8	H																			
9	J																			
10	K																			
	Summe																			
	% von T																			
	% von T_A bzw. T_N																			

von ___ Uhr bis ___ Uhr
von ___ Uhr bis ___ Uhr
Anzahl d. Beob.:

Abbildung 14

schwierigkeiten während der Zeitaufnahme mit Zählstrichmarkierungen versehen werden. Am Ende der Spalten wird die Summe über die ganze Spalte geschrieben. Darunter kann dann der ermittelte Anteil der Tätigkeit an der Gesamtarbeitszeit (T) oder der Zeit der Merkmalsgruppe (T_A, T_N) eingetragen werden.

In den Zeilen der Kopfspalte stehen die Namen der Arbeitsplatzinhaber, hier mit A bis K bezeichnet. Die Vorspalte gibt die laufende Nummer an. Es ist nicht zu empfehlen, mehr als 10 Konstrukteur-Arbeitsplätze gleichzeitig beobachten zu lassen.

Als Unterlage für das Aufstellen von Arbeitszeitplänen genügt eine gemeinsame Arbeitszeitermittlung für eine Konstruktionsgruppe oder -abteilung in der an Hand der Abbildung 10 oder 14 beschriebenen Weise. Wenn man über die Verteilung der Arbeitszeiten einzelner Konstrukteure Aufschlüsse wünscht, dann sind in jeder Zeile für die Zeitarten die Striche zusammenzuzählen und aus ihnen die prozentuale Zeitanteile zu ermitteln, wie dies in Abbildung 14 als Beispiel für den Arbeitsplatz (F) durch zwei zusätzliche Zeilen angedeutet wird.

Aus der <u>Betriebsstatistik</u> können Aufschlüsse über die Beschäftigungsart und andere Vorgänge längerer zeitlicher Dauer ermittelt werden. Ihre Erhebungsmittel sind die Arbeitsscheine der technischen Angestellten, Unterlagen der Betriebsabrechnung und die Formulare und Berichte, die der allgemeine Geschäftsgang ergibt (besondere Vorkommnisse, Reiseabmeldungen, Reiseabrechnungen, Besuchs- und Tagungsberichte). Der Betriebsführung stehen mehrere Möglichkeiten offen, auf diesem sekundärstatistischen Wege - das heißt durch Auswerten von Unterlagen des allgemeinen Geschäftsverkehrs, die nicht eigens für statistische Zwecke erstellt wurden - auch in den technischen Büros verschiedene Betriebsvorgänge eingehender zu erfassen.

Es wird deshalb oft angebracht sein, bestimmte Mitteilungsformen (Schriftsätze, Formulare) so anzulegen, daß sie für Zwecke der Tätigkeits- und Beschäftigungsstatistik einen größeren Aussagewert bekommen. Dies darf aber nicht um einer perfektionierteren Systematik willen mit zeitaufwendiger Kompliziertheit für den Befragten erkauft werden.

5.2 Arbeitspläne

Die Arbeitszeiterfassung liefert einen Überblick über Umfang, Häufigkeit und Verteilung der auftretenden Arbeitsvorgänge. Die Auswertung zeigt dann, daß Ergänzungen notwendig sind, um die Leistungsfähigkeit und -bereitschaft des Konstrukteurs zu erhalten und zu fördern.

Aus dem Ordnen und Verteilen der disponiblen Arbeitsvorgänge entstehen die einzelnen Arbeitspläne für verschiedene Zeitabschnitte.

Tagesarbeitspläne

Der kürzeste Zeitraum für einen Arbeitszeitplan in dem hier beschriebenen Sinne ist der Arbeitstag. Für ihn sollen die vorhersehbaren Arbeitsvorgänge so disponiert und gelenkt werden, daß sie in bestimmter Frequenz einen Wechsel zwischen verschiedenen psychischen Einstellungs- und Anstrengungsweisen herbeiführen und ein rhythmisches Arbeitswirken zur Folge haben, das sowohl auf das biologische Rhythmusgeschehen als auch auf die Wesensart der menschlichen Gemeinschaft abgestimmt ist.

Störungen bei angestrengter geistiger Arbeit sind möglichst zu vermeiden, weil das Wiederaufnehmen der gelösten gedanklichen Verknüpfung viel Energie erfordert. Deshalb ist es vorteilhaft, wenn es im technischen Büro zur Gewohnheit wird, nur zu bestimmten Tageszeiten Diskussionen zu führen oder Handlungen vorzunehmen, die als starke Sinneseindrücke andere stören.

Andererseits soll die hohe psychische Anspannung von Arbeitsphasen geringerer Konzentration oder andersartiger Tätigkeitseinstellung abgelöst werden. Geistige Verkrampfung führt zu vorzeitiger Ermüdung und vermindert den Umfang dessen, das im Zusammenhang in der Vorstellung gedacht werden kann.

Ein nach diesen Erkenntnissen zu fördernder Arbeitsrhytmus bringt auch viele Leistungsantriebe als Folge von Eindrücken und Empfindungen des gemeinschaftlichen Erlebens. Sie ziehen den einzelnen in das Geschehen hinein und schwingen eine gewisse Phasengleichheit der einzelnen Handlungen ein. Ihre Wesenheit ist nur sehr unvollkommen begrifflich analysierbar. Diese Beziehungen sind aber für alle Arbeitsformen von großer Bedeutung, sowohl für körperliche als auch geistige Tätigkeiten.

Die Folge der täglichen Arbeitsverrichtungen soll in sinnvoller Zuordnung zu den Phasen des physiologisch-rhythmischen Organgeschehens stehen. Diese biologischen Funktionen lassen sich an verschiedenen Symptomen feststellen [31]. Die danach aufgestellten Tagesverlaufskurven erlauben Schlüsse über die tägliche Veränderung der Leistungsdisposition. Sie können aber nicht mit dieser identifiziert werden, denn durch Registrieren singulärer Erscheinungsformen ergibt sich noch keine Abbildung des ganzen Komplexes biologischer Organfunktionen.

Eine wichtige Konsequenz für den Tagesarbeitsplan liegt darin, den Arbeitsplan so zu steuern, daß die Zeiten hoher Leistungsdisposition am Vormittag (etwa 9 bis 12 Uhr) und am Nachmittag (etwa 14.30 bis 16.30 Uhr) möglichst ungeteilt den Tätigkeiten mit den höchsten geistigen Anforderungen erhalten bleiben und daß Störungen und Unterbrechungen dieses konzentrierten Schaffens soweit wie möglich vermieden werden.

Wochenarbeitspläne

Die eineinhalb- bis zweitägige Arbeitsunterbrechung zwischen den Wochen hat eine unterschiedliche Leistungsdisposition an den einzelnen Wochentagen zur Folge. Die größte Arbeitsintensität fällt in die Wochenmitte. Sie sollte deshalb nicht für niedere Arbeiten vertan werden, sondern solchen hoher geistiger Konzentration vorbehalten bleiben. Der beliebten Wochenteilung durch ganztägige Sondervorkommnisse in der Wochenmitte muß aus diesem Grunde entgegengetreten werden. Sie liegen günstiger am Wochenanfang oder -ende.

Am Wochenanfang wirken besondere Arbeitsereignisse stimulierend und verkürzen die Anlaufzeit zum Optimum der wöchentlichen Leistung. Infolge der Gleichförmigkeit der Begebenheiten am Arbeitsplatz vermag die Arbeitsumgebung auf die Dauer nicht als leistungsaktivierender Wahrnehmungsgehalt zu wirken. Deshalb ist es notwendig, von Zeit zu Zeit für den Konstrukteur besondere Reizsituationen zu arrangieren. Sie lösen in bestimmtem Wechsel das Angespanntsein, so daß die Leistung bei hoher Konzentration und das gesamte arbeitsorientierte Handlungsstreben vergrößert werden.

Solche Impulse ergeben sich aus der Behauptung in veränderter Mit- und Umwelt, also in andern mitmenschlichen Beziehungen, im Konfrontieren mit materieller Problematik und in dem Anpassungsbemühen bei Standortveränderungen. Das menschliche Leistungsstreben ist in großem Maße das Ergebnis jener Spannkraft, die durch die Umgestaltung der gewohnten Verhältnisse mobilisiert wird.

Der Hauptzweck organisatorischer Maßnahmen darf daher nicht die Schaffung und Erhaltung von Dauerregelungen sein. Organisationsformen, die zu einem früheren Zeitpunkt bedeutende Erfolge brachten, können in der Gegenwart ungünstig sein. Die Gewöhnung an ein eingelaufenes System führt zu Verhaltensweisen, die aus der Suche des einzelnen nach einer Art Arbeitsschongang entstehen.

Aus diesem Grunde wird es oft zweckmäßig sein, bereits die durch Zeitaufnahmen ermittelten Arbeitsvorgänge für die Aufstellung von Wochenarbeitsplänen zu ergänzen, indem aus der Erkenntnis der Wesenheit der menschlichen Arbeit zusätzlich solche Tätigkeiten oder Aufgaben eingeplant werden, die einerseits für den Betrieb einen Wert haben, der sich rechtfertigen läßt oder deren Kosten in den Grenzen eines vertretbaren Aufwandes bleiben, die zum andern aber starke Reizsituationen für das Schaffen des Konstrukteurs darstellen.

Die Betriebsführung sollte auch die private soziologische Sphäre ihrer Angestellten nicht unbeachtet lassen. Gerade für den geistig Tätigen werden die Erlebnis- und Wahrnehmungsinhalte dieses Lebensbereichs immer weniger zu einem seelischen Ausgleich der einseitigen Berufsarbeit. Die Verkürzung der Wochenarbeitszeit bringt unterschiedliche Auswirkungen. Lebenseinstellung, soziales Milieu und allgemeine Verhaltensformen bilden und lenken von tieferen psychischen Regionen her den Spielraum, der dem einzelnen zur Gestaltung und Entfaltung zur Verfügung steht.

Monatsarbeitspläne

Der Monat ist der Übersichtszeitraum für das Einplanen ganz- und mehrtägiger vorhersehbarer Geschäftsvorgänge. Sie werden im allgemeinen nicht für jeden Monat die gleiche Dichte haben können. Saisonale und konjunkturelle Veränderungen nehmen darauf Einfluß. Die Verteilung ergibt sich aus der Jahresübersicht.

Allgemeine biorhythmische Organfunktionen analog denen des Tagesablaufes können für Monatszeiträume heute noch nicht zu einer Basis der Arbeitszeitplanung gemacht werden [32]. Wohl wird es oft angebracht sein, extreme Wetterverhältnisse in entsprechender Weise zu berücksichtigen.

Jahresarbeitspläne

Außer den Arbeitsplänen für den Jahreszeitraum, die der Betrieb über die Aufgaben aus seinem Auftragsprogramm zusammenstellt, sollten auch die Vorgänge auf den einzelnen Arbeitsplätzen im technischen Büro in gleicher Weise vorausgeplant werden.

Der Jahresurlaubsplan der Konstruktionsabteilung ist bereits ein Beispiel dafür. Gelegentlich werden vom Betrieb zusätzliche Urlaubstage gewährt, wenn der Urlaub geschlossen in einer für die Erholung günstigen Jahreszeit genommen wird. Das Frühjahr gilt als Zeit niedrigster Leistungsdisposition, in der aber der größte Erholungswert eines Urlaubs liegt.

Innerhalb des biologischen Jahresrhythmus vollbringt der Mensch im Herbst seine höchsten Leistungen. Deshalb ist es günstig, die Aufgaben auf diesen Zeitabschnitt stärker zu konzentrieren.

Die einzelnen vorhersehbaren Ereignisse mehrtägiger Dauer sind von Betrieb zu Betrieb sehr verschieden, zum Beispiel Fahrten zu Lieferanten und Kunden, Besuche von Messen und Ausstellungen, Teilnahmen an Besichtigungen, Tagungen und Lehrgängen. Es dürfte gerechtfertigt sein, dem Konstrukteur für derartige Sondervorkommnisse im Jahr eine Arbeitszeit von etwa drei bis vier Wochen vorausplanend zuzubilligen.

In den meisten Betrieben werden Sparmaßnahmen zur Einschränkung der Reisekosten in erster Linie in den technischen Büros angesetzt. Nach üblicher Ansicht gehört der Konstrukteur an das Zeichenbrett und muß zum Zwecke eines hohen betriebswirtschaftlichen Nutzens ständig in dieser Arbeitsbeziehung gehalten werden, während auf der anderen Seite den Angestellten in den dispositorischen merkantilen Aufgaben größere Bewegungsfreiheit zukommt. Neben der zumeist berechtigten strengen betrieblichen Kontrolle derartiger Unkostenfaktoren darf aber nicht übersehen werden, daß solche einseitigen Sparmaßnahmen in den technischen Büros auf die Dauer dem Betrieb schaden; sie sind vergleichbar mit Kosteneinsparungen durch Verkürzen der Ausbildungszeit. In den meisten Fällen werden die dadurch ausgelösten Personalfluktuationen mehr Aufwendungen verursachen, als mit der Kettung an den Arbeitsplatz eingespart werden kann [33].

Auf die Dauer lassen sich positive Leistungseinstellung und als deren Auswirkungen Weiterbilden zu größerem technischen Überblick und Fördern der Persönlichkeitswerte nur erhalten, wenn die Sinnerfüllung der Berufsarbeit immer wieder in Bewährungssituationen mit starken Anreizen zur Behauptung und Entfaltung erlebt werden kann.

6. Zusammenfassung

Die Leistungen der Konstrukteure in den technischen Büros gehören zu den wesentlichsten Beiträgen, die die technische Entwicklung vorwärtstreiben. Bei den Bemühungen um die Steigerung der Produktivität kommt deshalb diesem Tätigkeitsbereich besondere Bedeutung zu.

Mit den Erkenntnissen der Grundlagenforschung der Rationalisierung war es möglich, durch eine Voruntersuchung in industriellen Groß- und Mittelbetrieben viele Wesenszusammenhänge der geistig-schöpferischen technischen Gestaltung zu erschließen und zur Ausgangsbasis für Verbesserungsmaßnahmen zu machen. Die Eigenart der Tätigkeit bedingt, den arbeitenden Menschen in seiner Verwobenheit mit der persönlichen und sachlichen Umwelt in den Mittelpunkt der Betrachtungen zu stellen.

Trotz des größerwerdenden Objektumfanges bei dem Streben nach Ganzheitserfassung besteht unabdingbar die Forderung, dem in der Praxis handelnden Stellenleiter in seiner Sprache Richtlinien für die Probleme des täglichen Betriebsgeschehens zu geben, die sich ohne die Notwendigkeit, neue Wissengebiete zu durchdringen, in seiner Erlebnissphäre verankern lassen.

Für den gewählten Themenkreis ergab sich eine Drei-Teilung des Stoffes.

Die _Arbeitsplatzgestaltung_ enthält allgemein Grundsätze für die Auswahl und Zusammenstellung der Einrichtungsgegenstände am Arbeitsplatz. Nach den von mehreren wissenscahftlichen Betrachtungsebenen gewonnenen Aspekten werden die Dimensionen von Arbeitsplätzen und Arbeitsräumen bestimmt.

Die _Arbeitsteilung_ in technischen Büros muß sich im besonderem Maße auf Erkennen und Einsetzen der psycho-dynamischen Kräfte in einer menschlichen Gemeinschaft gründen. Die organisatorischen Maßnahmen sind hierbei auf das sachliche Nacheinander (vertikal) und Nebeneinander (horizontal) des Konstruktionsauftrages anzusetzen.

Geistig-konstruktive Tätigkeiten bedürfen einer eingehenden _Arbeitszeitplanung_. Zunächst erbringen Zeitaufnahmen den notwendigen Überblick über den Ist-Zustand. Arbeitszeitpläne sind Organisationsmittel, um das Tätigsein entsprechend der rhythmisch-physiologischen Leistungsdisposition des Menschen zu lenken und Veränderungen zu schaffen, die zum Weiterbilden anreizen, die Arbeitsfreude und Gesundheit erhalten und dazu beitragen, den Konstrukteur die Sinnerfüllung seines Tuns erleben zu lassen.

                                    Professor Dr.-Ing. Josef Mathieu
                                    Dipl.-Ing. Franz Hildebrandt

7. Literaturverzeichnis

[1] LEYER — Konstrukteur und Konstruieren
Industrielle Organisation, Zürich, 20 (1951) 12, S. 365-369

[2] — Was kostet eigentlich ein Arbeitsplatz?
Der Arbeitgeber, 10 (1958) 23/24, S. 712

[3] TANON, Laurent — De l'attitude physiologique defecteuse des dessinateurs industrielles et de sa pathologie
Anales d'Hygiene, 6 (1951), S. 279-284

[4] BOLLER, BRINKMANN und WALTER — Einführung in die Farbenlehre
A. Francke AG, Verlag Bern

[5] STIER — Zweckmäßige Arbeitssitze
Erfahrungsbericht aus dem Max-Planck-Institut für Arbeitsphysiologie
Dortmund 1956

[6] GRÖBER — H. Rietschels Lehrbuch der Heiz- und Lüftungstechnik
Springer-Verlag, Berlin/Göttingen/Heidelberg 1951, 12. Auflage

[7] GRANDJEAN — Physiologische und hygienische Forderungen an das Raumklima von Büroräumen
Industrielle Organisation, Zürich, 24 (1955), S. 281-288

[8] REIN-SCHNEIDER — Physiologie des Menschen
Springer Verlag, Berlin/Göttingen/Heidelberg 1956, 12. Auflage

[9] KESSELRING — Konstruieren - Synthese aus innerer Schau und äußerem Zwang, "VDI", Hauptvorträge der VDI-Hauptversammlung, Köln 1958, S. 15-24

[10] GRANDJEAN Umwelteinflüsse am Arbeitsplatz
Industrielle Organisation, Zürich,
26 (1957) 11, S. 415-423

[11] DIN 5034
Leitsätze für Tagesbeleuchtung
DIN 5034
Innenraumbeleuchtung mit Tageslicht
Leitsätze

[12] DIN 5035
Innenraumbeleuchtung mit künstlichem
Licht. Leitsätze

[13] ZIJL Leitfaden der Lichttechnik
Philips' Technische Bibliothek 1955

[14] LEHMANN und TAMM Die Beeinflussung vegetativer Funktionen des Menschen durch Geräusche,
Forschungsberichte des Wirtschafts-
und Verkehrsministeriums Nordrhein-
Westfalen Nr. 257

[15] LEHMANN und MEYER-DELIUS Gefäßreaktionen der Körperperipherie
bei Schalleinwirkung,
Forschungsberichte des Wirtschafts-
und Verkehrsministeriums Nordrhein-
Westfalen Nr. 517

[16] MUTSCHLER Betrieb, Konstitution und biologische Rhythmik
Der Industriemeister, 5 (1956) 12,
S. 222-223

[17] KRETSCHMER Körperbau und Charakter
Berlin, Springer-Verlag, 1942

[18] LOSSE, KRETSCHMER, KUBAN u. BÖTTGER Die vegetative Struktur des Individuums, I. u. II. Mitteilung
Acta Neurovegetativa Band VIII,
(1956)4/5, S. 337-399

[19] HEISS Allgemeine Tiefenpsychologie
Verlag Hans Huber, Bern und Stuttgart 1956

[20] FRIELING — Psychologische Raumgestaltung und Farbdynamik
Musterschmidt-Verlag, Göttingen/Berlin-Frankfurt/Main, 3. Auflage

[21] BAIERL — Klima, Licht und Farbe als Mittel zur menschlichen Leistungssteigerung
Zentralblatt für Arbeitswissenschaft und soziale Betriebspraxis, $\underline{4}$ (1950) 6, S. 81-87

[22] GOTTSCHICK — Die Leistungen des Nervensystems
VEB Gustav Fischer Verlag, Jena 1955

[23] KORNMÜLLER — Die Elemente der nervösen Tätigkeit
Georg Thieme Verlag, Stuttgart 1947

[24] WÖGERBAUER — Die Technik des Konstruierens
Verlag v.R. Oldenbourg, München und Berlin 1943

[25] KESSELRING — Bewertung von Konstruktionen
Deutscher Ingenieur-Verlag GmbH, Düsseldorf

[26] FERLING — Grundsätze zur Beurteilung von Konstruktionen
Technische Rundschau Bern, $\underline{50}$ (1958) 14, S. 11, 13, 15

[27] FISCHER und GROSSKOPF — Die Bildung und Anwendung eines Systems erzeugnisgebundener Kennziffern im Maschinenbau
Der Industriebetrieb, $\underline{6}$ (1958) 12, S. 571-577

[28] TIPPET — A snap-reading method of making time-studies of maschines and operatives
Shirly Institute Memoirs, Vol.XIII, Part III, Shirly Institute Manchester, 1934

[29] de JONG — Multimomentaufnahmen
Arbeitswissenschaftlicher Auslandsdienst, 1954, Jan. S.13-20

[30] HALLER Multimomentaufnahmen
Ein statistisches Stichproben-Verfahren
Zentralblatt für Arbeitswissenschaft, (1955), S. 22-28

[31] GRAF Erforschung der geistigen Ermüdung und nervösen Belastung, Studien über die vegetative 24-Stunden-Rhythmik in Ruhe und unter Belastung
Forschungsberichte des Wirtschafts- und Verkehrsministeriums Nordrhein-Westfalen Nr. 113

[32] BERNATÉNÉ Vers une utilisation plus rationelle du facteur humain par l'interpretation des biorythmes, L'étude du travail, (1958) 90, S. 49-56

[33] WEIGMANN Wie gelangt der Konstrukteur zur "optimalen" Konstruktion?
Konstruktion, 5(1953)6, S. 195-196

FORSCHUNGSBERICHTE
DES LANDES NORDRHEIN-WESTFALEN

Herausgegeben durch das Kultusministerium

ARBEITSPSYCHOLOGIE u. -WISSENSCHAFT

HEFT 4
Prof. Dr. E. A. Müller und Dipl.-Ing. H. Spitzer, Dortmund
Untersuchungen über die Hitzebelastung in Hüttenbetrieben
1952, 28 Seiten, 5 Abb., 1 Tabelle, DM 9,—

HEFT 76
Max-Planck-Institut für Arbeitsphysiologie, Dortmund
Arbeitstechnische und arbeitsphysiologische Rationalisierung von Mauersteinen
1954, 52 Seiten, 12 Abb., 3 Tabellen, DM 10,20

HEFT 113
Prof. Dr. O. Graf, Dortmund
Erforschung der geistigen Ermüdung und nervösen Belastung: Studien über die vegetative 24-Stunden-Rhythmik in Ruhe und unter Belastung
1955, 40 Seiten, 12 Abb., DM 8,20

HEFT 114
Prof. Dr. O. Graf, Dortmund
Studien über Fließarbeitsprobleme an einer praxisnahen Experimentieranlage
1954, 34 Seiten, 6 Abb., DM 7,—

HEFT 115
Prof. Dr. O. Graf, Dortmund
Studium über Arbeitspausen in Betrieben bei freier und zeitgebundener Arbeit (Fließarbeit) und ihre Auswirkung auf die Leistungsfähigkeit
1955, 50 Seiten, 13 Abb., 2 Tabellen, DM 9,80

HEFT 118
Prof. Dr. E. A. Müller und Dr. H. G. Wenzel, Dortmund
Neuartige Klima-Anlage zur Erzeugung ungleicher Luft- und Strahlungstemperaturen in einem Versuchsraum
1955, 68 Seiten, 10 z. T. mehrfarb. Abb., DM 14,—

HEFT 126
Prof. Dr.-Ing. J. Mathieu, Aachen
Arbeitszeitvergleich
Grundlagen, Methodik und praktische Durchführung
1955, 70 Seiten, DM 13,—

HEFT 129
Prof. Dr.-Ing. J. Mathieu und Dr. C. A. Roos, Aachen
Die Anlernung von Industriearbeitern
I. Ergebnisse einer grundsätzlichen Untersuchung der gegenwärtigen Industriearbeiter-Kurzanlernung
1955, 106 Seiten, DM 19,70

HEFT 130
Prof. Dr.-Ing. J. Mathieu und Dr. C. A. Roos, Aachen
Die Anlernung von Industriearbeitern
II. Beiträge zur Methodenfrage der Kurzanlernung
1955, 108 Seiten, DM 19,90

HEFT 253
Dipl.-Ing. S. Schirmanski, Berghausen
Stand und Auswertung der Forschungsarbeiten über Temperatur- und Feuchtigkeitsgrenzen bei der bergmännischen Arbeit
1957, 70 Seiten, 24 Abb., 12 Tabellen, DM 17,10

HEFT 257
Prof. Dr. G. Lehmann und Dr. J. Tamm, Dortmund
Die Beeinflussung vegetativer Funktionen des Menschen durch Geräusche
1956, 38 Seiten, 25 Abb., 3 Tabellen, DM 11,20

HEFT 359
Dr.-Ing. F. J. Meister, Düsseldorf
Veränderung der Hörschärfe, Lautheitsempfindung und Sprachaufnahme während des Arbeitsprozesses bei Lärmarbeiten
1957, 84 Seiten, 11 Abb., 40 Audiogramme, 41 Tabellen, DM 19,90

HEFT 362
Prof. Dr. med. G. Lehmann und Dipl.-Phys. D. Dieckmann, Dortmund
Die Wirkung mechanischer Schwingungen (0,5 bis 100 Hertz) auf den Menschen
1957, 100 Seiten, 53 Abb., 6 Tabellen, DM 22,50

HEFT 371
Dr. phil. W. Lejeune, Köln
Beitrag zur statistischen Verifikation der Minderheiten-Theorie
1958, 66 Seiten, 14 Abb., DM 17,90

HEFT 466
Prof. Dr.-Ing. J. Mathieu, Aachen
Überbetrieblicher Verfahrensvergleich
1958, 70 Seiten, 16 Abb., DM 16,65

HEFT 480
Dr. phil. K. Brücker-Steinkuhl, Düsseldorf
Anwendung mathematisch-statistischer Verfahren bei der Fabrikationsüberwachung
1958, 94 Seiten, 23 Abb., DM 23,80

HEFT 517
Prof. Dr. med. G. Lehmann und Dr. med. J. Meyer-Delius, Dortmund
Gefäßreaktionen der Körperperipherie bei Schalleinwirkung
1958, 24 Seiten, 12 Abb., 2 Tabellen, DM 9,15

HEFT 529
Dr. phil. G. Riedel, Dortmund
Messung und Regelung des Klimazustandes durch eine die Erträglichkeit für den Menschen anzeigende Klimasonde
1958, 78 Seiten, 35 Abb., DM 17,95

HEFT 530
Prof. Dr. med. O. Graf, Dortmund
Nervöse Belastung im Betrieb. I. Teil: Nachtarbeit und nervöse Belastung
1958, 52 Seiten, 10 Abb., DM 15,60

HEFT 558
Dr. phil. C. A. Roos, Aachen
Menschlich bedingte Fehlleistungen im Betrieb und Möglichkeiten ihrer Verringerung
1958, 94 Seiten, 23 Abb., DM 24,20

HEFT 582
Dr. phil. C. A. Roos, Aachen
Arbeitsleistung und Arbeitsgüte
1958, 62 Seiten, DM 17,—

HEFT 584
G. Kroebel, Düsseldorf
Maßnahmen der Nachwuchs- und Talentförderung im Deutschen Gewerkschaftsbund
1958, 58 Seiten, DM 16,35

HEFT 585
Dr. phil. habil. M. Simoneit, Köln
Gedanken und Vorschläge zur Auslese technischer Talente
1958, 44 Seiten, DM 13,85

HEFT 593
Dr. phil. C. A. Roos, Aachen
Berufseignung und Berufseinsatz. I. Teil
1958, 64 Seiten, DM 18,20

HEFT 611
Dr. R. Schairer, Köln
Aufgaben der Talentförderung
1958, 76 Seiten, DM 20,80

HEFT 612
Dr. jur. H. Bauer, Köln
Der Betrieb als Bildungsfaktor
1958, 112 Seiten, DM 26,40

HEFT 613
Prof. Dr. phil. habil. E. Graeser, Göttingen
Vergleichende Studien über die Art, die Bedeutung und den Erfolg der Ausbildung von Ingenieuren, Mathematikern und Naturwissenschaftlern in der sogenannten Deutschen Demokratischen Republik und in der Bundesrepublik
1958, 44 Seiten, DM 13,80

HEFT 619
Prof. Dr. med. O. Graf und Dr. med. Dr. phil. J. Rutenfranz, Dortmund
Zur Frage der Belastung von Jugendlichen
1958, 66 Seiten, 18 Abb., 12 Tabellen, DM 16,50

HEFT 623
Prof. Dr.-Ing. J. Mathieu und Dr. phil. C. A. Roos, Aachen
Berufseignung und Berufseinsatz. II. Teil
1958, 68 Seiten, 6 Abb., DM 17,—

HEFT 631
Dr. E. Wedekind, Krefeld
Der Einfluß der Automatisierung auf die Struktur der Maschinen und Arbeiterzeiten am mehrstelligen Arbeitsplatz in der Textilindustrie
1958, 86 Seiten, 34 Abb., DM 21,10

HEFT 636
Dr. phil. S. Barlen, Aachen
Richtwerte für Zeitaufwand und Kosten von Dokumentationsarbeiten
1958, 68 Seiten, DM 16,20

HEFT 637
Prof. Dr.-Ing. J. Mathieu und Dr. phil. C. A. Roos, Aachen
Berufsnachwuchspolitische Anschauungen und Bestrebungen von Lehrfirmen in Industrie und Handel
1958, 38 Seiten, DM 10,20

HEFT 641
Prof. Dr.-Ing. J. Mathieu und Dr. phil. M. Gnielinski, Aachen
Die industrielle Produktivität in neuerer Sicht
1958, 132 Seiten, 16 Abb., 31 Tabellen, DM 31,70

HEFT 646
Prof. Dr.-Ing. J. Mathieu und Dr. phil. C. A. Roos, Aachen
Die industrielle Facharbeiterausbildung und Vorschläge für ihre Verbesserung
1959, 102 Seiten, 10 Abb., 4 Tabellen, DM 25,60

HEFT 650
Dr. phil. nat. H. A. Elsner, Aachen
Aufbau einer Fachdokumentation aus vorhandenen Referatdiensten
1958, 36 Seiten, 1 Abb., 2 Tabellen, DM 12,10

HEFT 677
Dr. sc. agr. F. Riemann, Dipl.-Volksw. R. Hengstenberg und Dipl.-Ldw. G. Bunge, Göttingen
Der ländliche Raum als Standort industrieller Fertigung
1959, 196 Seiten, und viele Tabellen, DM 46,40

HEFT 715
Dr. E. Wedekind, Krefeld
Die Auftragsplanung und Arbeitsorganisation in gewerblichen Wäschereien
1959, 116 Seiten, 25 Abb., DM 29,50

HEFT 721
F. E. Nord, Köln
Der Stifterverband für die Deutsche Wissenschaft und die Begabtenförderung an den wissenschaftlichen Hochschulen
1959, 30 Seiten, DM 8,40

HEFT 758
Prof. A. P. Sanchez-Concha, Ph. D., LL. D., Aachen
Über den Begriff der industriellen Arbeit
1959, 16 Seiten, DM 5,40

HEFT 768
Prof. Dr. E. A. Müller und Dipl.-Ing. W. Rohmert, Dortmund
Erholungszuschläge bei Arbeitswechsel
1959, 20 Seiten, 6 Abb., 5 Tabellen, DM 6,50

HEFT 793
Dipl.-Ing. Walter Rohmert, Dortmund
Statische Belastung bei gewerblicher Arbeit
Teil II
Dr. med. Dr. phil. Gerd Jansen, Dortmund
Grundsätzliche Bemerkungen über die experimentelle Lärmforschung

HEFT 808
Dr. H.-G. Bartenwerfer, Marburg
Beiträge zum Problem der psychischen Beanspruchung.
I. Teil: Untersuchungen zu den Grundfragen und zur Erfassung der psychischen Beanspruchung in der Industrie

HEFT 822
Dr. rer. nat. H. Schmidtke und Dr.-Ing. F. Stier, Dortmund
Der Aufbau komplexer Bewegungsabläufe aus Elementarbewegungen

HEFT 826
Wäschereiforschung Krefeld e. V.
Arbeitszeitstudien an Haushaltsbottichwaschmaschinen gleicher Art und Größe mit verschiedener Ausstattung

HEFT 827
Dr.-Ing. E. Sattler, Verband Deutscher Streichgarnspinner, Düsseldorf
Disposition mit Arbeitsvorbereitung und Vertriebsvorbereitung in der einstufigen (Verkaufs-) Streichgarnspinnerei

HEFT 828
C. Brzeskiewicz, Verband der Deutschen Tuch- und Kleiderstoffindustrie e. V., Köln, im Verein mit dem Ausschuß für wirtschaftliche Fertigung e. V., Düsseldorf
Disposition mit Arbeitsvorbereitung und Vertriebsvorbereitung in der Tuch- und Kleiderstoffindustrie
in Vorbereitung

HEFT 837
Dr. rer. nat. H. Schmidtke, Dr. phil. H. Schmale, Dortmund
Untersuchungen über die Sehanforderungen in der Präzisionsindustrie

---

Ein Gesamtverzeichnis der Forschungsberichte, die folgende Gebiete umfassen, kann bei Bedarf vom Verlag angefordert werden:

Acetylen / Schweißtechnik – Arbeitspsychologie und -wissenschaft – Bau / Steine / Erden – Bergbau – Biologie – Chemie – Eisenverarbeitende Industrie – Elektrotechnik / Optik – Fahrzeugbau / Gasmotoren – Farbe / Papier / Photographie – Fertigung – Gaswirtschaft – Hüttenwesen / Werkstoffkunde – Luftfahrt / Flugwissenschaften – Maschinenbau – Medizin / Pharmakologie / Physiologie – NE-Metalle – Physik – Schall / Ultraschall – Schiffahrt – Textiltechnik / Faserforschung / Wäschereiforschung – Turbinen – Verkehr – Wirtschaftswissenschaften.

If you have any concerns about our products,
you can contact us on
ProductSafety@springernature.com

In case Publisher is established outside the EU,
the EU authorized representative is:
Springer Nature Customer Service Center GmbH
Europaplatz 3, 69115 Heidelberg, Germany

Printed by Libri Plureos GmbH
in Hamburg, Germany